农业高等职业教育本科系列教材
高等学校质量工程项目——广西职业教育教学改革立项项目《创建产业学院助力乡村振兴的研究与实践》(项目编号:GXGZJG2021B091)研究成果

现代农牧业创业项目分析

XIANDAI NONGMUYE CHUANGYE XIANGMU FENXI

(工作页)

杨　杰　主编

中国农业大学出版社
·北京·

内 容 简 介

本教材重点介绍现代农牧业有关国家鼓励创业的政策、创业意识培养、创业项目开办等。主要内容包括创业意识、创业政策、创业项目市场评估、营销计划制订、法律运用、企业注册及人员配置、收益预测、经济效益分析、创业风险防范、创业计划书撰写等。汇编了现代农牧业创业典型案例和中国“互联网+”大学生创新创业大赛的内容，并结合具体内容有机融入农耕文化、社会主义核心价值观等思政内容，教材中配有大量二维码，方便读者扫描拓展阅读。

本教材可供高等职业学校开设农牧业专业创业课程使用，也可供对现代农牧业创业感兴趣的普通读者阅读。

图书在版编目(CIP)数据

现代农牧业创业项目分析 / 杨杰主编. -- 北京：中国农业大学出版社，2022.6
ISBN 978-7-5655-2789-0

Ⅰ.①现… Ⅱ.①杨… Ⅲ.①农业技术－项目－分析②畜牧业－农业技术－项目－分析 Ⅳ.①S

中国版本图书馆 CIP 数据核字(2022)第 095369 号

书　　名 现代农牧业创业项目分析
作　　者 杨　杰　主编

策划编辑	司建新	**责任编辑**	司建新
封面设计	郑　川		
出版发行	中国农业大学出版社		
社　　址	北京市海淀区圆明园西路 2 号	**邮政编码**	100193
电　　话	发行部 010-62733489，1190	读者服务部	010-62732336
	编辑部 010-62732617，2618	出　版　部	010-62733440
网　　址	http://www.caupress.cn	**E-mail**	cbsszs@cau.edu.cn
经　　销	新华书店		
印　　刷	北京中兴印刷有限公司		
版　　次	2022 年 8 月第 1 版　　2022 年 8 月第 1 次印刷		
规　　格	787×1 092　　16 开本　　9.25 印张　　205 千字		
定　　价	33.00 元		

图书如有质量问题本社发行部负责调换

编写人员

主　　编　杨　杰（广西农业职业技术大学）

副 主 编　朱梅芳（广西农业职业技术大学）

刘　云（广西农业职业技术大学）

周晓舟（广西农业职业技术大学）

参编人员　李　健（广西农业职业技术大学）

孙　奇（广西农业职业技术大学）

甘海燕（广西农业职业技术大学）

张　珍（广西农业职业技术大学）

黎月娟（广西农业职业技术大学）

余江敏（广西农业职业技术大学）

蒋红军（广西农业职业技术大学）

葛　旭（广西南宁晟华科技有限公司）

主　　审　杨昌鹏（广西农业职业技术大学）

前　言

党的十八大以来，在以习近平同志为核心的党中央坚强领导下，我国政府实施创新驱动发展战略，深入推动“双创”，催生了大量市场主体和就业岗位，培育壮大了新动能。2020 年 10 月，李克强总理在出席“双创周”云启动会上强调，创业创新是国家赢得未来的基础和关键。2021 年 10 月，国务院办公厅印发《关于进一步支持大学生创新创业的指导意见》提出，大学生是大众创业万众创新的生力军。要坚持创新引领创业、创业带动就业，增强大学生的创新精神、创业意识和创新创业能力；要深化高校创新创业教育改革，建立以创新创业为导向的新型人才培养模式。改革教学方法和考核方式，加强大学生创新创业培训。《广西壮族自治区人民政府办公厅关于印发广西大众创业万众创新三年行动计划（2021—2023 年）的通知》（桂政办发〔2021〕10 号）指出，强化大学生创新创业教育培训，落实党中央、国务院关于加快推进大众创业万众创新的决策部署。

本书具有以下特色：

（1）本书结构采用一体化工作页。一体化工作页的核心任务是帮助学生学会如何工作。学习任务是指在典型工作任务中，具备学习价值的代表性工作任务。学习目标是指完成本学习任务后能够达到的行为程度，包括所希望行为的条件、行为的结果和行为实现的技术标准，引导学习者思考问题的设计。为了提高学习者完成学习任务的主动性，应向学习者提出需要系统化思考的学习问题，即“引导问题”，并将“引导问题”作为学习工作的主线贯穿于完成学习任务的全部过程，让学生有目标地在学习资源中找到所需的创业知识，思考并解决创业问题。

无论是教师教学还是学生学习都能按照创业实际工作流程一步一步完成任务，真正做到一体化教学。

（2）本书设计突出职业教育理念。本书以农牧业专业创业项目分析中的典型工作任务为基础，以“接受任务、制订方案、任务实施、验收总结”四个工作环节为主线，详细编制了创业过程中的项目、操作要领和技术要求等内容。最大限度地突出了“完整的创业技能培养体系和与之相适应的知识结构”的职业教育理念，精心设计了“验收总结”环节，并制定了教学环节中的“过程性评价”。本书编排合理，内容系统、连贯、完整，具有较强的实用性。

（3）教材内容以创业活动为导向，以创新创业能力为核心重构学习内容。把“互联网+”创新创业大赛的相关内容融入工作任务中，把传统纸质教材与数字化资源结合实现资源“立体”化，同时将“立德树人、课程思政”有机融合到教材中，探索纸数融合、产教融合。

本书由杨杰担任主编，朱梅芳、刘云、周晓舟担任副主编。具体分工如下：杨杰主编学习任务一和学习任务一中的二维码材料；朱梅芳编写学习任务二和学习任务二中二维码材料及附录中项目三；刘云编写附录中项目一；杨杰、周晓舟负责教材框架设计；甘海燕负责教材文字校正；李健、孙奇、甘海燕、黎月娟和余江敏参与部分其他创业案例的收集工作；张珍编写素养目标；蒋红军制作教材二维码；葛旭编写附录中项目二；全书由杨杰统稿定稿。

本书可供高等职业院校农牧业专业选作教材之用。

本书在编写过程中借鉴、参考了国内大量创业指导与创业教育研究方面的文献资料，以及一些专家教授的理论和观点，书中引用的案例和材料部分来自期刊、网络，在此致以诚挚的谢意！

由于编者水平有限，书中难免有不妥和疏漏之处，敬请广大读者指正。

编　者

2022年1月

目　录

The first part

The first part

学习任务一

现代种植业创业项目分析

The first part

The first part

任务书

一、任务情景描述

艾创新是一名园艺技术专业的大学生,计划毕业后响应国家号召,牢记“强农兴农”使命回到家乡——广西南宁创业,用他所学到的专业知识自己创业,带动家乡的父老乡亲致富。但他不知道自己是否具备创业的能力,他对创业知识、创业过程、创业政策等都了解不多。他来学校咨询,学校接受了该咨询任务。请你参照创业培训标准,制订接待方案,完成创业项目咨询分析,给出解决方案,帮他撰写创业计划书。

工作过程符合《关于印发创业培训标准(试行)》的通知(中就培发〔2018〕2号)、“互联网+”大学生创新创业大赛等文件要求。

二、学习活动及学时分配(表1-1)

表1-1 学习活动及学时分配

序号	学习活动	学时安排	备注
1	接受任务	3	
2	制订方案	3	
3	任务实施	26	
4	验收总结	4	
合计		36	

学习活动一

接受任务

【建议学时】

3学时。

【学习目标】

[知识目标]

(1)了解接待咨询的知识。

(2)掌握任务分析报告编制的方法。

[能力目标]

(1)能够识读任务。

(2)能够梳理关键核心问题,并能够准确流畅地表达。

[素养目标]

(1)社会主义核心价值观培养:通过接待咨询者,培养学生的人际交往能力,学会友善待人,具有在农村、农业领域的沟通交流和组织协调能力;成为中国特色社会主义合格建设者和可靠接班人。

(2)培养学生热爱"三农"的意识:教师通过组织学生讨论立足种植专业返乡创业的咨询案例,引导学生学农、爱农,培养学生具有学农、爱农的职业理念和服务"三农"的职业理想、职业态度、职业责任、职业作风及创业、立业能力。

(3)信息化应用能力培养:通过在职教云课前学习发表评论,学生学会在手机端学习获取学习资源,具备信息化应用能力。

【学习要求】

具体工作步骤及要求见表1-2。咨询者咨询企业项目分析任务书见表1-3。

表 1-2　具体工作步骤及要求

序号	工作步骤	要求	学时安排	备注
1	接待咨询	1. 能够引导咨询者描述自己面临的创业难题 2. 能够将咨询者的表述整理记录为咨询者服务的需求信息 3. 能够设计信息采集问卷	0.5	
2	识读任务书	1. 能够快速准确明确咨询者任务要求并清晰表达 2. 在教师要求的时间内完成，能够读懂任务书各项内容	0.5	
3	确定咨询核心问题	根据咨询者咨询的内容，梳理咨询者咨询的核心问题，并请咨询者确认	1	
4	编制任务分析报告	1. 能够清晰地描述任务认知与理解等 2. 思路清晰，语言描述流畅	0.5	
5	评价		0.5	

表 1-3　咨询者咨询创业项目分析任务书

任务书编号：　　　　　　　　　　　　记录格式编号：

咨询者咨询创业项目分析事项情况记录表			
咨询项目	立足园艺技术专业回家乡——广西南宁创业是否可行？能否创业成功？		
期望完成时间	□普通 年　月　日	□加急 年　月　日	□特急 年　月　日
咨询者期望获得的结果			
期望得到的咨询结果	□创业计划书 1 份	□咨询报告 1 份	
载体形式	□纸质	□软盘	□电邮
送达方式	□自取　□传真	□电邮	□普通邮寄
咨询者名称（甲方）		单位名称（乙方）	广西农业职业技术大学
地　　址		地　　址	
邮政编码		邮政编码	
电　　话		电　　话	
传　　真		传　　真	
E-mail		E-mail	
甲方咨询人（签名）		乙方受理人（签名）	
咨询日期	年　月　日	受理日期	年　月　日

注：1. 本委托书一式叁份，甲方执壹份，乙方执贰份。

2. 甲方“咨询人”和乙方“受理人”签字后协议生效。

一、接待咨询

1. 请你将咨询者咨询的创业问题的表述记录在下面横线上。

2. 请你从记录的表述中选择关键词组成一句话，用精练的语言准确表述咨询者的需求信息，并记录到任务单中。

二、识读任务书

1. 请你找出任务书中的关键词，并把关键词抄在下面横线上。

2. 请你从关键词中选择词语组成一句话，说明该任务的要求（其中包含时间、地点、人物以及事件的具体要求）。

三、确定咨询核心问题

1. 请你根据任务单，查阅相关资料，以小组形式，罗列出咨询者咨询的核心问题，并解释原因，填入表 1-4 中。

表 1-4　确定咨询者咨询的核心问题

序号	咨询的核心问题	确定该问题是核心问题的原因
1		
2		
3		

注：表格可根据需要增减(下同)。

2. 请让咨询者确认咨询的核心关键问题(表 1-5)。

表 1-5　咨询者对咨询的核心关键问题的确认

序号	咨询的核心关键问题	咨询者确认签名	确认日期
1			年　月　日
2			年　月　日
3			年　月　日

四、编写任务分析报告(表 1-6)

表 1-6　任务分析报告

1. 基本信息

序号	项目	名称	备注
1	咨询人		
2	联系电话		
3	咨询内容		
4	参照标准		
5	咨询时间		
6	受理时间		
7	完成时间		
8	完成地点		

2. 任务分析

(1)在咨询者艾创新的家乡——广西南宁,立足园艺技术专业,可以选择哪些创业项目?

(2)针对上述创业项目,你准备选择哪一种项目实施创业,选择的依据是什么?

序号	创业项目	选择依据	备注

五、评价（表 1-7）

表 1-7　评价　　分

项次	项目要求		分值	评分细则	自评得分	小组评价	教师评价
素养（20 分）	职业道德（8 分）	友善	2	待人友善得 2 分；其余不得分			
		沟通协调	2	主动沟通协调得 2 分；其余不得分			
		学农爱农	2	学农爱农得 2 分；其余不得分			
		服务“三农”	2	服务“三农”得 2 分；其余不得分			
	阅读能力（5 分）	快速阅读能力	5	能快速准确明确任务要求并清晰表达得 5 分；能主动沟通在指导后达标得 3 分；其余不得分			
	纪律情况（5 分）	按时到岗，不早退	2	缺勤全扣，迟到、早退一次扣 1 分			
		积极思考回答问题	2	根据上课统计情况得 1～2 分			
		学习用品准备	1	自己主动准备齐全学习用品得 1 分；未准备不得分			
		执行教师命令	0	此为否定项，违规酌情扣 10～100 分，违反校规按校规处理			
	5S（2 分）	桌面、地面整洁	1	自己的工位桌面、地面整洁无杂物，得 1 分；不合格不得分			
		物品定置管理	1	按定置要求放置桌椅、学习用具等得 1 分；其余不得分			
核心技术（60 分）	接待咨询（10 分）	咨询者描述的创业问题	3	能全部掌握得 3 分；部分掌握得 1～2 分；不清楚不得分			
		记录咨询的主要问题	3	全部记录清楚得 3 分；部分清楚得 1～2 分；不清楚不得分			
		设计信息采集问卷	4	设计问卷采集到全部核心信息得 4 分，采集到部分核心信息得 1～3 分；未采集到不得分			

续表 1-7

项次	项目要求		分值	评分细则	自评得分	小组评价	教师评价
核心技术（60 分）	识读任务书（10 分）	咨询任务书各项内容	5	能全部掌握得 5 分；部分掌握得 1～4 分；不清楚不得分			
		咨询的主要问题	5	全部阐述清晰得 5 分；部分阐述清晰得 1～4 分；不清楚不得分			
	确定咨询核心问题（15 分）	核心问题罗列齐全	15	齐全，无缺项得 15 分；每缺一项扣 1 分，扣完为止			
	编写任务分析报告（25 分）	基本信息准确	5	能全部掌握得 5 分；部分掌握得 1～4 分；不清楚不得分			
		每种项目选择符合咨询需求，合理有效	5	全部合理有效得 5 分；有缺项或者不合理扣 1 分			
		每种项目选择的依据阐述清晰	10	清晰得 10 分；有缺漏或者无法解释的每项扣 1 分			
		文字描述及语言	5	语言清晰流畅得 5 分；文字描述不清晰，但不影响理解与阅读得 3 分；字迹潦草无法阅读不得分			
工作页完成情况（20 分）	按时、保质保量完成工作页（20 分）	按时提交	4	按时提交得 4 分；迟交不得分			
		书写整齐度	3	文字工整、字迹清楚得 3 分			
		内容完成程度	4	按完成情况分别得 1～4 分			
		回答准确率	5	视准确率情况分别得 1～5 分			
		有独到的见解	4	视见解程度分别得 1～4 分			
合计			100				
总分【加权平均分（自评 20%，小组评价 30%，教师评价 50%）】							
组长签字				教师评价签字			
请你根据以上打分情况，对本活动当中的工作和学习状态进行总体评述（从素养的自我提升方面、职业能力的提升方面进行评述，分析自己的不足之处，描述对不足之处的改进措施）							
教师指导意见：							

学习活动二
制订方案

【建议学时】

3学时。

【学习目标】

[知识目标]

(1)了解编制工作流程的方法。

(2)掌握工作方案的编制要求及方法。

[能力目标]

(1)能够编制工作流程。

(2)能够编制工作清单。

(3)能够编制工作方案。

[素养目标]

(1)社会主义核心价值观培养:通过学习编制工作流程,培养学生的规则意识、法治意识;通过完成教师课前布置的作业,培养学生的责任意识和诚信意识,具有在农村、农业领域遵纪守法、诚信待人的意识,成为中国特色社会主义合格建设者和可靠接班人。

(2)工匠精神培养:教师通过组织学生讨论工作方案编制等内容,培养学生的团队合作能力,使学生具有精益求精的职业精神。

(3)培养关键岗位职业能力:通过小组合作编制工作方案,培养学生与他人合作和组织协调能力。

【学习要求】

完成工作方案编制,具体工作步骤及要求见表1-8。

表 1-8　具体工作步骤及要求

序号	工作步骤	要求	学时安排	备注
1	编制工作流程	在30分钟内完成，流程完整，确保咨询工作顺利有效完成	0.5	
2	编制工作清单	物品、用具清单完整，满足创业项目分析和咨询者需求	0.5	
3	编制咨询方案	在90分钟内完成编写，任务描述清晰，符合咨询者咨询要求，物品、用具等与流程一一对应	1.5	
4	评价		0.5	

一、编制工作流程（表 1-9、表 1-10）

1. 我们之前完成了很多创业项目分析，你最熟悉的创业项目分析任务是什么？

创业项目分析任务的主要工作流程一般可分为8步，分别是创业测评、创业项目精选、创业项目市场评估、创业团队组建分析、企业法律形态选择及法律责任分析、启动资金预测、制订利润计划、编制创业计划书。

请回忆一下，各部分工作的主要工作任务有哪些？各部分工作的主要工作内容及要求是什么？大约需要花费多少时间？

表 1-9　任务名称____________

序号	工作流程	主要工作内容及要求	花费时间/小时
1			
2			
3			
4			
5			
6			
7			
8			

2. 请你分析该项目，写出工作流程，并写出完成的具体工作内容和要求。

表 1-10　工作流程

序号	工作流程	具体工作内容	要求	备注
1				
2				
3				

续表 1-10

序号	工作流程	具体工作内容	要求	备注
4				
5				
6				
7				
8				
9				

二、编制工作清单

1. 为了完成创业项目咨询任务，需要用到哪些物品呢？请列表完成(表 1-11)。

表 1-11　物品清单

序号	物品名称	数量	规格
1			
2			
3			
4			
5			

三、编制咨询方案（表 1-12）

表 1-12　咨询方案

方案名称：____________________

1. 任务目标及依据

（填写说明：概括说明本次任务要达到的目标及相关标准和技术资料）

2. 工作内容安排

（填写说明：列出工作流程、工作要求、物品、人员及时间安排等）

工作流程	工作要求	物品	人员	时间安排

续表 1-12

3. 验收标准

（填写说明：本项目最终的验收相关项目的标准）

4. 有关注意事项及后续服务等

（填写说明：对注意事项及后续服务等进行具体说明）

四、评价（表 1-13）

表 1-13　评价　　分

评分项目			分值	评分细则	自评得分	小组评价	教师评价
素养（20 分）	职业道德（3 分）	工匠精神	1	对工作精益求精且效果明显得 2 分；其余不得分			
		法治意识	1	有法治意识得 2 分；其余不得分			
		与他人合作	1	不符合要求不得分			
	职业能力（10 分）	策划能力	3	按方案策划的逻辑合理性得 1～3 分			
		资料使用	2	正确查阅资料和相关标准得 2 分；错误不得分			
		创新能力（加分项）	5	项目有创新，视情况得 1～5 分			
	纪律情况（5 分）	不迟到，不早退	2	违反一次不得分			
		积极思考回答问题	2	根据上课统计情况得 1～2 分			
		“三有一无”（有书、笔、本，无手机）	1	违反规定每项扣 1 分			
		执行教师命令	0	此为否定项，违规酌情扣 10～100 分，违反校规按校规处理			
	5S（2 分）	场地、设备整洁干净	3	合格得 3 分；不合格不得分			
		服装整洁，不佩戴饰物	2	合格得 2 分；违反一项扣 1 分			

续表 1-13

评分项目			分值	评分细则	自评得分	小组评价	教师评价
核心技术（60 分）	时间（5 分）	时间要求	5	90 分钟内完成得 5 分；超时 10 分钟扣 2 分；扣完为止			
	目标依据（5 分）	目标清晰	3	目标明确，可测量得 1～3 分			
		编写依据	2	依据资料完整得 2 分，缺一项扣 1 分			
	咨询流程（20 分）	完整	15	完整得 15 分；错、漏一项扣 1 分			
		顺序	5	正确得 5 分；错、漏一项扣 1 分			
	工作要求（5 分）	要求清晰准确	5	完整正确得 5 分；错项、漏项扣 1 分			
	物品（5 分）	名称完整	2	完整正确得 2 分；错、漏一项扣 1 分			
		规格正确	3	数量型号正确得 3 分；错一项扣 1 分			
	人员（5 分）	组织分配合理	5	人员安排合理，分工明确得 5 分；组织不合理一项扣 1 分			
	绩效评价（5 分）	咨询者执行效果	5	视咨询者执行情况得 1～5 分			
	效果评估（5 分）	咨询者满意度	5	视咨询者满意情况得 1～5 分			
	后续服务（5 分）	建立档案管理	2	档案完整得 2 分；错、漏一项扣 1 分			
		提供后续服务	3	视后续跟踪创业、提供政策咨询、融资、招聘等服务情况得 1～3 分			
工作页完成情况（20 分）	按时保质保量完成工作页（20 分）	按时提交	4	按时提交得 4 分；迟交不得分			
		书写整齐度	3	文字工整、字迹清楚得 3 分			
		内容完成程度	4	按完成情况分别得 1～4 分			
		回答准确率	5	视准确率情况分别得 1～5 分			
		有独到的见解	4	视见解程度分别得 1～4 分			
合计			100				
总分【加权平均分（自评 20%，小组评价 30%，教师评价 50%）】							
组长签字				教师评价签字			

续表 1-13

评分项目	分值	评分细则	自评得分	小组评价	教师评价
教师指导意见：					

学习活动三
任务实施

【建议学时】

26 学时。

【学习目标】

[知识目标]

(1)掌握创业测评的方法。

(2)掌握创业项目精选的方法。

(3)掌握启动资金预测的内容。

(4)掌握制订利润计划的方法和内容。

(5)了解创业项目市场评估内容。

(6)了解创业团队组建分析的方法。

(7)了解企业法律形态选择和法律责任。

(8)了解判断企业能否生存的方法。

[能力目标]

(1)能够开展创业测评。

(2)能够精选创业项目。

(3)能够开展创业项目市场评估。

(4)能够进行创业团队组建分析。

(5)学会进行企业法律形态选择和分析法律责任。

(6)能够开展启动资金预测。

(7)能够制订利润计划。

(8)能够判断企业能否生存。

[素养目标]

(1)社会主义核心价值观培养:通过学习创业项目市场评估,培养学生“知己知彼”的能力和公平公正的市场运行理念;通过学习创业团队组建分析,培养学生友善待人、团结合作、诚实守信的精神；通过学习企业风险形态选择和分析法律责任，培养学生的法治意识；具有在农业领域遵纪守法、诚信待人、团结协作的意识；通过学习创业项目精选，培养学生练就一双火眼金睛的能力，成为中国特色社会主义合格建设者和可靠接班人。

(2)创新精神培养：在完成咨询任务的过程中，学生通过学习创业项目精选，能够练就“火眼金睛”，慧眼识“项目”，把握商机、果断出击，在繁杂的项目中，透过表象，精益求精地选准适合自己的优势创业项目，努力奋斗、开拓创新、取得成功。

(3)培养创业意识：通过学习创业测评，培养学生“知己”的自知能力和创业意识。

(4)培养创新创业能力：在完成咨询任务的过程中，通过学习启动资金预测，培养学生“预则立，不预则废”的理念；通过学习制订利润计划，培养学生的成本分析能力、效益思维等；通过判断企业能否生存，培养学生“在危机中育新机，于变局中开新局”的危机掌控能力，以及自省、自律能力。为助力乡村振兴、服务“三农”和农民富裕奠定坚实基础。

【学习要求】

咨询过程符合规范、标准等要求，具体要求如表 1-14 所示。

表 1-14　具体工作步骤及要求

序号	工作步骤	内容及要点	学时安排	备注
1	创业测评分析	能够判断分析咨询者的潜在创业素质和能力	1	
		能够根据测评信息，详细说明咨询者的创业优势、劣势和潜在风险	1	
2	创业项目精选分析	能够根据项目初选的信息与咨询者沟通，进一步缩小项目与咨询者的匹配差距	1	
		能够从备选的若干项目中，选出与咨询者条件最相匹配的创业项目	1	
3	创业项目市场评估分析	能够全面设计调查问卷和其他信息采集单	2	
		能够针对咨询者的需求，策划市场调研的适当方式、步骤、时间及人员安排，调研需求信息	2	
4	创业团队组建分析	能够根据咨询者的实际，设计咨询者企业的人员组成，帮助咨询者确定岗位职责	1	
		能够针对咨询者的需求，设计企业组织结构和企业员工招聘流程	1	
5	企业法律形态选择及法律责任分析	能够根据咨询者的实际情况，选择适宜的企业法律形态	1	
		能够帮助咨询者了解企业的法律环境，明确承担的企业责任，选择企业的商业保险	1	

续表 1-14

序号	工作步骤	内容及要点	学时安排	备注
6	启动资金预测分析	能够根据咨询者的实际情况，选择适合咨询者启动资金的类型	1	
		能够帮助咨询者开展投资预测和流动资金预测	1	
7	制订利润计划分析	能够帮助咨询者制定销售价格	1	
		能够帮助咨询者预测销售收入	2	
		能够帮助咨询者制订销售与成本计划	2	
		能够帮助咨询者制订现金流量计划	2	
		能够帮助咨询者明确资金来源	1	
8	判断企业能否生存	能够按照融资机构的规范编写项目的创业计划书或商业计划书	1	
		能够帮助咨询者判断企业能否生存，并进行创业风险分析	1	
9	评价		2	

一、创业测评分析

1. 请你查阅资料，分析一名成功的创业者需要具备哪些关键的素质和能力，并罗列在下面的横线上（不少于 3 个）。

（1）______________________________

（2）______________________________

（3）______________________________

2. 请借助表 1-15，评估咨询者艾创新的创业能力。

表 1-15 创业能力评估表

评估项目	自我评估		其他人评估意见	
	长处	弱项	长处	弱项
承诺——要想成功,你得对你的企业有所承诺,也就是说你得把你的企业看得非常重要,要全身心地投入。你愿意加班加点地工作吗				
动机——如果你是真心想创办企业,成功的可能性就大得多。你要问问自己,你为什么想创办自己的企业?如果你仅仅想有些事情可做,你创业成功的可能性就不大				
诚实——如果你做事不重信誉,名声会不太好,这对你创办企业是不利的,会对你的生意产生负面影响				
健康——你必须健康。没有健康的身体,你将无法兑现自己对企业的承诺。要知道,为企业操劳会影响你的健康,你要衡量一下你的身体条件,是否适应创办企业的需要				
风险——世上没有绝对保险的生意,失败的风险随时可能发生。你必须具有冒险精神,甘愿承担风险,但又不能盲目地去冒险。先看看你可以承担什么样的风险				
决策——在你办企业的过程中,你必须做出许多决定。当要做出对企业有重大影响的决定而又难以抉择时,你必须果断。也许你不得不辞退勤劳而忠诚的员工,只要有必要,就得这么做,不要都发不出工资了,还碍于情面保留雇员				
家庭状况——办企业将占用你很多时间,因此,得到家庭成员的支持尤其重要。你要征求家庭成员的意见,如果他们同意你的创业想法,支持你的创业计划,你就会有强有力的后盾				
财务状况——如果你有钱投资于你的企业,赔光了问题也不大,算有优势。如果你自己没有钱投入,完全依赖于创业的成功,则处于弱势(如果你资金充足,是你的一项长处)				
技术能力——这是你生产产品或提供服务所需要的实用技能。技能的类型将取决于你计划创办的企业的类型				
企业管理技能——指的是有效经营企业所需要的能力,包括销售、成本核算、记账,以及最重要的人员管理能力(同时具备了两项技能,就是你的长处)				
对同类企业的了解——如果你对自己创办的这类企业有丰富的知识和经验,你就能避免犯常见的错误(你懂行,就是你的长处)				
算算你有多少长处和弱项,并将数目写在这里。看看你的长处多,还是弱项多。如果长处多,说明你具有办企业的潜力,选择"是",反之,选择"否"	是:		否:	

3. 请你针对咨询者艾创新的创业能力弱项，以小组形式，罗列出增强创业能力的具体改进方法(表 1-16)。

表 1-16　增强创业能力的方法

序号	弱项	改进方法
1		
2		
3		
4		

二、创业项目精选分析

1. 请你查阅资料，运用头脑风暴法，以小组形式，罗列出好的种植类企业项目内容(表 1-17)。

表 1-17　好的种植类企业项目内容一览

序号	内容
1	
2	
3	
4	
5	

2. 请你查阅资料，结合咨询者艾创新的实际情况，以小组形式，分析并初步筛选出适合咨询者艾创新的种植类企业项目，并分析原因(表 1-18)。

表 1-18　创业项目

序号	创业项目名称	分析原因
1		
2		
3		
4		
5		

3. 请你运用 SWOT 分析法，对表 1-18 中选择的种植项目分别从优势、劣势、机会、威胁四个方面进行深入分析，并填写到表 1-19 中。

表 1-19　创业项目 SWOT 分析

优势	产品先进性	
	市场前景	
	实用性	
劣势	团队成员经验不足	
	使用反馈信息缺乏	
	群众接受过程漫长	
机会	互联网发展迅速	
	政策支持	
	市场空白	
	云技术的前景广阔	
威胁	同类产品的竞争	
	缺乏品牌竞争力	
	团队规模小	

4. 请以小组形式，写出为咨询者艾创新筛选确定的创业项目名称，并给出解释说明（表 1-20）。

表 1-20　筛选确定的创业项目＿＿＿＿＿＿＿＿

序号	项目	内容	说明
1	该项目的产品或服务将是		
2	顾客将是		
3	能满足顾客的哪些需要		
4	拥有的创办企业所需要的技能、经验和资源		
5	确定了这个创业项目，是因为		

5. 请以小组形式，根据自身条件和所处的环境，认真思考，为咨询者制订创业项目行动计划（表 1-21）。

表 1-21　创业项目行动计划

序号	项目	内容	说明
1	拟采取的行动		
2	如何做		
3	谁做		
4	何时做		
5	预期结果		

三、创业项目市场评估分析

1. 查阅资料，以小组形式，在下面横线上为你的咨询者列出市场调研步骤和市场调研流程。

市场调研步骤：

(1) ______________________________

____

____

(2) ______________________________

____

____

(3) ______________________________

____

____

市场调研流程：

(1) ______________________________

____

____

(2) ______________________________

____

____

(3) ______________________________

____

____

2. 请你根据最终筛选出的创业项目，查阅资料、开展调查，以小组形式，撰写市场调研情况(表 1-22)。

表 1-22 ____________创业项目市场调研

序号	产品或服务	顾客	顾客的需要和喜好	竞争对手	销售前景
1					
2					
3					

3. 以小组形式，从产品、价格、地点和促销四个方面着手，为你的咨询者创业企业制订市场营销计划(表 1-23)。

表 1-23　市场营销计划

市场营销计划——产品计划		
项目	产品种类	
颜色		
品质		
特色		
新鲜度		
市场营销计划——价格计划		
项目	产品或服务种类	
成本		
顾客能接受的价格		
竞争对手的价格策略		
我的价格策略		
制订价格策略的理由		
是否可以打折		
打折的理由		
是否允许赊购		
市场营销计划——地点计划		
地点		
选址原因		
分销方法		
选择这些销售对象的原因		
市场营销计划——促销计划		
促销类型	具体内容	促销成本

4. 利用表 1-24，为咨询者艾创新的创业企业开展销售预测。

表 1-24　销售预测一览

产品	月份											
	1	2	3	4	5	6	7	8	9	10	11	12

四、创业团队组建分析

1. 请你根据咨询者艾创新的企业实际情况，为咨询者设计岗位职责(表 1-25)。

表 1-25　企业岗位职责

工作岗位	所需的技能和经验	需要雇用的员工数	月工资/元

2. 请结合咨询者艾创新的实际情况，为咨询者列出所需员工的数量、种类及原因。

所需要的员工数量：____.

所需要的员工种类：____.

说明原因：____.

3. 请你为咨询者画出企业组织结构图。

五、企业法律形态选择及法律责任分析

1. 请你根据所学的知识，查阅资料，写出下列几种企业法律形态的区别（表1-26）。

表1-26　几种企业法律形态一览

项目	个体工商户	农村承包经营户	个人独资企业	合伙企业	农民专业合作社	有限责任公司
登记注册						
创办企业的成本费用						
注册资金要求						
创办企业复杂程度						
业主数量						
业主对企业债务的责任						
风险						
企业决策过程						
纳税						

2. 请认真思考每一种企业法律形态的优缺点，为咨询者艾创新的企业选择合适的企业法律形态，并阐述你选择这一法律形态的原因。

为咨询者选择的法律形态是：______________________________

说明原因：______________________________

____

____

____

3. 查阅资料，以小组形式，列出你为咨询者选择的种植类企业相关的基本法律（表1-27）。

表1-27　与种植类企业相关的基本法律、法规

序号	法律名称	相关内容
1		
2		
3		
4		

4. 查阅资料，以小组形式，列出咨询者需要承担哪些法律责任？是否需要为企业投保，投保哪些保险？请记录在表1-28中。

表1-28 与新办农业企业相关的法律、责任和农业保险

序号	项目	说明
1	企业登记名称	
2	相关的法律法规	
3	企业需要的保险	
4	企业的其他责任	

5. 查阅资料，在下列横线上列出各级政府对种植行业创业的相关扶持政策（不少于3个）。

(1)______

______

______

(2)______

______

______

(3)______

______

______

6. 请以小组形式，向当地的工商、税务部门和银行咨询，为你的咨询者列出注册企业（公司）、申请开户的过程（表1-29）。

表1-29 注册企业（公司）申办开户

序号	流程	准备的材料	注意事项	备注
1				
2				
3				
4				

六、启动资金预测分析

1. 回顾启动资金的类型，查阅资料，以小组形式，在下列横线上为咨询者罗列出企业所需要的启动资金。

投资（固定资产）______

____

____

流动资金______________________________________

____

____

2. 以小组形式，为咨询者开展投资（固定资产）预测（表 1-30）。

表 1-30 投资预测

序号	项目	费用/元	备注
1			
2			
3			
4			

3. 以小组形式，为咨询者开展流动资金预测（表 1-31）。

表 1-31 企业所需要的成本项目

序号	项目	前________个月的成本/元	备注
1			
2			
3			
4			

七、制订利润计划分析

1. 回顾企业成本类型相关知识，查阅资料，以小组形式，为咨询者罗列出企业所需要的成本项目（表 1-32）。

表 1-32 企业所需要的成本项目

序号	直接成本项目	间接成本项目	备注
1			
2			
3			
4			

2. 根据产品单位产量（千克）成本＝（生产该种作物总成本－副产品价值）÷该种作物主产品总产量，为你的咨询者核算成本（表 1-33）。

表 1-33　企业所需要的总成本

项目		费用/[元/(亩·年)]	备注
直接成本			
合计			
间接成本			
合计			

3. 查阅折旧的相关知识，以小组形式，(根据2019年4月23日发布实施《中华人民共和国企业所得税法实施条例》)，采用平均年限折旧法计提折旧，为你的咨询者计算固定资产折旧(表1-34)。

表 1-34　固定资产折旧

项目	价值/元	年折旧率/%	年折旧/元	月折旧/元
办公桌、椅		5		
电风扇		5		
电脑		3		
打印机		3		
二手货车		4		
合计				

4. 查阅资料，以小组形式，为你的咨询者列出企业需要的资金(表1-35)。

表 1-35　企业资金需求明细(三个月)

资金需求	金额/万元	备注
固定资产		
人员工资		
流动资金		
合计		

5. 以小组形式，为你的咨询者列出企业需要的资金来源（表 1-36）。

表 1-36　资金来源

筹资渠道	资金提供方	金额/万元

6. 以小组形式，为你的咨询者列出股权分配（表 1-37）。

表 1-37　股本结构及规模

万元

项目	自筹资金	专利技术	风险投资
金额			0
比例			

7. 以小组形式，为你的咨询者进行销售收入预测分析（表 1-38）。

表 1-38　种植企业销售预测

项目		月份											
		1	2	3	4	5	6	7	8	9	10	11	12
1	销售数量												
	平均单价												
	月销售额												
2	销售数量												
	平均单价												
	月销售额												
3	销售数量												
	平均单价												
	月销售额												
4	销售数量												
	平均单价												
	月销售额												
合计	销售总量												
	销售总收入												

8. 以小组形式,为你的咨询者制订销售和成本计划(表 1-39)。

表 1-39 销售和成本计划(亩/年)

万元

项目	月份												合计
	1	2	3	4	5	6	7	8	9	10	11	12	
含税销售收入													
流转税													
销售额													
直接材料成本													
直接人工成本													
毛利													
间接成本													
纯利													

9. 以小组形式,为你的咨询者制订现金流量计划(表 1-40)。

表 1-40 现金流量计划

万元

现金流		月份											
		1	2	3	4	5	6	7	8	9	10	11	12
现金流入	月初现金状况												
	创业者投资												
	银行贷款												
	现金销售收入												
	赊账销售收入												
	现金流入总额												
现金流出	机器、设备投资												
	厂房和土地投资												
	直接材料成本												
	直接人工成本												
	开办费用												
	土地租金												
	机械租金												
	农业保险费用												
	其他间接成本												
	现金流出总额												
月底现金													

八、编制创业计划书

1. 以小组形式，在下面横线上罗列出编制创业计划书的好处（不少于2个）。

（1）____

（2）____

2. 查阅资料，以小组形式，列出创业计划书的主要内容（表1-41）。

表1-41　创业计划书的主要内容

序号	主要内容	重点问题

3. 以小组形式，查阅资料，为你的咨询者编写一份完整的创业计划书（表1-42）。

表1-42　创业计划书

（以大学生创新创业大赛项目计划书为例）

1. 项目概述

1.1　公司及产品或服务的介绍

1.2　项目的产业背景和市场竞争环境

1.3　项目的市场机会和有效的市场需求

1.4　目标客户群体

1.5　创业团队的特殊性和优势

1.6　目前运营情况及发展目标

2. 发展战略

2.1　项目的商业模式

2.1.1　客户细分

2.1.2　价值主张

2.1.3　渠道通路

续表 1-42

2.1.4 客户关系

2.1.5 收入来源

2.1.6 关键业务

2.1.7 核心资源

2.1.8 重要合作伙伴

2.1.9 成本结构

2.2 市场发展策略

2.2.1 市场定位

2.2.2 竞争力分析

2.3 项目 SWOT 战略分析

项目 SWOT 战略分析

优势	产品先进性	
	市场潜能大	
	实用性	
劣势	团队成员经验不足	
	使用反馈信息缺乏	
	群众接受过程漫长	
机遇	互联网发展迅速	
	政策支持	
	市场空白	
	云技术的前景广阔	
威胁	同类产品的竞争	
	缺乏品牌竞争力	
	团队规模小	

3. 营销策略

3.1 市场调研分析

3.1.1 市场环境分析

3.1.2 政策环境分析

3.1.3 市场需求分析

3.2 市场营销策略

续表 1-42

3.3 宣传策略

3.4 产品定价

4. 财务分析

4.1 公司资金需求

资金需求明细

用途	金额/万元
办公用费	
固定资产	
宣传推广	
人员工资	
流动资金	
原料成本	

4.2 融资方案

4.2.1 资金来源

资金来源 万元

筹资渠道	资金提供方	金额
自筹资金	股东	
风险投资	企业	
合计	—	

4.2.2 股权分配

股本结构及规模 万元

项目	自筹资金	专利技术	风险投资
金额			
比例			

4.3 财务报表

4.3.1 固定资产

资金来源中的50万元用于固定资产的购置。

其中,折旧率标准参看根据2019年4月23日发布实施的《中华人民共和国企业所得税法实施条例》,采用平均年限折旧法计提折旧。

生产经营所需设备、工具和办公家具

名称	数量	单价/元	金额/万元
机器人			
配套系统			
合计			

续表 1-42

项目	原值/元	年折旧率/%	年折旧金额/元	备注
办公家具				
电子设备				
交通工具				
店铺/厂房				
合计/元				

4.3.2　原材料/商品采购成本

生产成本

名称	数量	单价/元	金额/万元
硬件设备			
配套系统			
合计			

4.3.3　年销售与管理费用预测

根据本公司的实际情况，谨慎预测年销售与管理费用，具体如下：

生产经营过程所需销售、管理、财务费用

类别	科目	金额/元
营销费用	宣传推广费用	
管理费用	员工薪酬	
	办公用品及耗材	
	水、电、交通差旅费	
	其他	
财务费用	利息	

4.3.4　营业收入预算表

根据市场调研和本公司制定的营销目标，谨慎估计本公司的营业收入，具体如下：

营业收入预算　　万元

	第一年	第二年	第三年
一、收入			
减：成本			
二、利润（含各种费用）			
减：销售费用			
管理费用			

续表 1-42

财务费用			
销售税金及附加			
三、利润总额			
减:所得税			
四、净利润			

资产负债表 万元

序号	项目	年份		
		第一年	第二年	第三年
1	资产			
1.1	流动资产			
1.2	固定资产净值			
1.3	无形资产净值			
1.4	其他			
2	负债及所有者权益			
2.1	负债			
2.2	所有者权益			
2.2.1	资本金			
2.2.2	盈余公积金			
2.2.3	未分配利润			

现金流量表 万元

序号	项目	年份		
		第一年	第二年	第三年
1	现金流入			
1.1	产品销售收入			
1.2	回收固定资产余值			
2	现金流出			
2.1	自有资金			
2.2	借款本金偿还			
2.3	借款利息支付			
2.4	经营成本			
2.5	销售税金及附加			
2.6	所得税			

续表 1-42

3	净现金流量			
4	累计现金流量			

4.4 风险资金退出策略

4.4.1 股权方式融资的退出

4.4.2 债权方式融资的退出

5. 创业管理团队

5.1 团队介绍

5.2 组织架构及分工

4. 请你的咨询者回答以下问题，帮助咨询者判断依托该项目开办企业是否能够生存（表 1-43）。

表 1-43 企业生存分析

序号	问题	是	否
1	你有没有足够的责任心和能力来创办企业？		
2	你的企业能否赚钱？		
3	你是否有足够的资金来创办企业？		
4	你有没有足够的时间和精力来承担企业的管理工作？		
5	销量能不能提高？		
6	销售价格有没有提高的余地？		
7	哪些成本最高？有没有可能降低这些成本？		
8	能否靠减少库存或降低原材料的浪费来降低成本？		
9	你是否有足够的资金创办企业？		
10	如果你的现金流量表显示某个月份现金短缺，你是否能够采取有效措施？		
11	你是否制订了一份严谨的行动计划？		
12	你是否把要做的事情列出了一份清单？		
13	你是否能够按照计划去执行？		

评估你的咨询者是否已经做好了创业准备？如果你的咨询者答“是”较多，可以考虑建议你的咨询者开始创业。如果答“否”较多，你要建议你的咨询者认真思考了，或从创业的最初阶段重新评估开始。

5. 查阅资料，以小组形式，罗列出创业过程中存在的风险（不少于 3 个）。

（1）____

____

____

(2)____

____

____

(3)____

____

____

6.查阅资料,以小组形式,罗列出规避创业风险的对策(不少于3个)。

(1)____

(2)____

(3)____

九、评价(表1-44)

表1-44 评价 分

评分项目			分值	评分细则	自评得分	小组评价	教师评价
素养(20分)	职业道德(5分)	诚信	2	不符合要求不得分			
		法治	1	不符合要求不得分			
		公正	1	不符合要求不得分			
		团结	1	不符合要求不得分			
	职业能力(5分)	创新精神	3	有创新,视情况得1~3分			
		创业意识	2	有创业意识,视情况得1~2分			
		创新创业能力(加分项)	5	有创新创业能力,视情况得1~5分			
	纪律情况(5分)	不迟到,不早退	2	违反一次不得分			
		积极思考回答问题	2	根据上课统计情况得1~2分			
		“三有一无”(有书、笔、本,无手机)	1	违反规定每项扣1分			
		执行教师命令	0	此为否定项,违规酌情扣10~100分,违反校规按校规处理			
	5S(5分)	场地、设备整洁干净	3	合格得3分;不合格不得分			
		服装整洁,不佩戴饰物	2	合格得2分;违反一项扣1分			

续表 1-44

评分项目			分值	评分细则	自评得分	小组评价	教师评价
核心技术（60 分）	创业测评（5 分）	分析咨询者的创业意识	2	咨询者创业适应性分析全面得 2 分；分析不全得 1 分；未分析不得分			
		增强咨询者创业能力的有效措施	3	视措施有效性得 1～3 分			
	创业项目精选（5 分）	创业项目构思	3	视构思的创业项目符合咨询者需求情况得 1～3 分			
		创业项目选择	2	创业项目选择依据充分得 2 分，依据不充分扣 1 分			
	创业项目市场评估（10 分）	市场调研步骤	1	市场调研步骤齐全得 1 分；不齐全不得分			
		市场调研流程	1	市场调研流程合理得 1 分，不合理不得分			
		了解市场行情	2	市场行情了解全面得 2 分，不全面得 1 分			
		市场营销计划	5	视产品、价格、地点和促销四个方面调查是否全面有效得 1～5 分			
		市场预测销售	1	市场预测合理得 1 分，不合理不得分			
	创业团队组建分析（5 分）	挑选员工的步骤	1	能列出挑选员工的步骤得 1 分，不能列出不得分			
		定岗定责	3	视定岗定责情况得 1～3 分			
		画出企业组织结构图	1	视画出的企业组织结构图情况得 1 分，不能画出不得分			
	启动资金预测（3 分）	启动资金类型	1	能选择适合咨询者的启动资金的类型得 1 分，不能列出不得分			
		投资预测	1	能够帮助咨询者开展投资预测得 1 分，不能列出不得分			
		流动资金预测	1	能够帮助咨询者开展流动资金预测得 1 分，不能列出不得分			
	企业法律形态选择及法律责任分析（4 分）	选择正确的企业法律形态	1	选择正确得 1 分；不正确不得分			
		法律责任分析	2	分析全面正确得 2 分；错漏一项扣 1 分			
		种植行业扶持政策	1	列出的扶持政策有针对性得 1 分，反之不得分			

续表 1-44

评分项目			分值	评分细则	自评得分	小组评价	教师评价
核心技术（60 分）	制订利润计划（15 分）	成本核算分析	4	视成本核算准确全面情况得 1～4 分			
		销售收入预测	2	视销售收入预测准确全面情况得 1～2 分			
		制订销售和成本计划	4	视制订的销售和成本计划依据是否充分得 1～4 分			
		制订现金流量计划	5	视制订的现金流量计划是否全面合理得 1～5 分			
	编写创业计划书（3 分）	编写创业计划书	3	视创业计划书编写全面和有效性情况得 1～3 分			
	综合评价项目（10 分）	基本操作规范性	2	视操作规范情况得分 1～2 分			
		熟练程度	3	视操作熟练情况得 1～3 分			
		分析咨询	2	按照时间要求完成得 2 分；未在要求时间内完成不得分			
		礼貌性	2	对咨询者、小组成员有礼貌得 2 分，欠缺礼貌不得分			
		工作过程安全性	1	无事故发生得 1 分；发生事故不得分			
工作页完成情况（20 分）	按时完成工作页（20 分）	按时提交	4	按时提交得 4 分；迟交不得分			
		书写整齐度	3	文字工整、字迹清楚得 3 分			
		内容完成程度	4	按完成情况分别得 1～4 分			
		回答准确率	5	视准确率情况分别得 1～5 分			
		有独到的见解	4	视见解程度分别得 1～4 分			
总分【加权平均分（自评 20%，小组评价 30%，教师评价 50%）】							
组长签字				教师评价签字			
请你根据以上打分情况，对本活动当中的工作和学习状态进行总体评述（从素养的自我提升方面、职业能力的提升方面进行评述，分析自己的不足之处，描述对不足之处的改进措施）							

续表 1-44

评分项目	分值	评分细则	自评得分	小组评价	教师评价
教师指导意见：					

学习活动四
验收总结

【建议学时】

4学时。

【学习目标】

[知识目标]

(1)了解咨询报告的内容。

(2)掌握创业项目分析总结的撰写要求

[能力目标]

(1)能够编制咨询报告。

(2)能撰写创业项目总结。

[素养目标]

(1)社会主义核心价值观培养:通过学习咨询报告编制,培养学生的责任、敬业意识和诚信精神;具有在农村、农业领域处理复杂问题的意识,成为中国特色社会主义合格建设者和可靠接班人。

(2)工匠精神培养:教师通过组织学生编写咨询报告,培养学生的团队合作能力和精益求精的职业精神。

(3)培养关键职业能力:通过小组合作编制咨询方案,培养学生与人合作和组织协调能力。通过撰写项目总结,培养学生分析问题和解决问题的能力。

【学习要求】

能够编写咨询报告书,撰写项目总结,能够总结拓展,开展后续服务,具体要求见表1-45。

表 1-45 要求及学时

序号	工作步骤	要求	学时	备注
1	编写咨询报告书	能规范填写咨询报告书	1.5	
2	撰写项目总结	能撰写项目总结	2	
3	评价		0.5	

一、编写咨询报告书

以小组形式,认真填写咨询报告书。

广西农业职业技术大学
创业项目分析

咨询报告书

名　　　　　称：____________________

咨询者（单位）：____________________

报告日期　　年　　月　　日

咨询报告书首页　　　　广西农业职业技术大学创业项目分析中心
字（20　　年）第　　号

咨询项目名称＿＿＿＿＿＿＿＿

咨询编号＿＿＿＿＿＿ 咨询需求＿＿＿＿＿＿

咨询日期＿＿＿＿＿＿＿＿

咨询及分析依据：

结论及评价＿＿＿＿＿＿＿＿

报告编制： 校对： 签发： 盖章

年 月 日

项目名称 判定

报告书包括封面、首页、正文（附页）、封底，并盖有咨询章和骑缝章。

二、撰写项目总结（表 1-46）

要求：(1)语言精练，无错别字。

(2)编写内容主要包括：学习内容、个人体会、学习中的优缺点及改进措施。

(3)字数 500 字左右。

表 1-46 项目总结

<table>
<tr><td colspan="3">________________项目总结</td></tr>
<tr><td colspan="3">一、任务说明

二、工作过程

主要操作步骤及要点</td></tr>
<tr><td>序号</td><td>主要操作步骤</td><td>要点</td></tr>
<tr><td>1</td><td></td><td></td></tr>
<tr><td>2</td><td></td><td></td></tr>
<tr><td>3</td><td></td><td></td></tr>
<tr><td>4</td><td></td><td></td></tr>
<tr><td>5</td><td></td><td></td></tr>
<tr><td>6</td><td></td><td></td></tr>
<tr><td>7</td><td></td><td></td></tr>
<tr><td>8</td><td></td><td></td></tr>
<tr><td colspan="3">三、遇到的问题及解决措施

四、个人体会

</td></tr>
</table>

三、作业指导书（表 1-47）

表 1-47　作业指导书

<table>
<tr><td>广西农业职业技术大学创业项目分析作业指导书</td><td>文件编号：</td></tr>
<tr><td colspan="2">主题：农业种植类专业创业项目分析</td></tr>
<tr><td colspan="2">本作业指导书参考创业培训标准（试行）、青年创业培训服务规范（DB32/T 3506—2019）、第八届中国国际“互联网+”大学生创新创业大赛评审规则编制</td></tr>
<tr><td>序号</td><td>学习资料</td></tr>
<tr><td>1</td><td>创业培训标准（试行）</td></tr>
<tr><td>2</td><td>青年创业培训服务规范（DB32/T 3506—2019）</td></tr>
<tr><td>3</td><td>第八届中国国际“互联网+”大学生创新创业大赛评审规则</td></tr>
<tr><td>4</td><td>中国就业网——人力资源和社会保障部大型就业培训门户网站</td></tr>
<tr><td>5</td><td>高校毕业生就业创业政策服务指南</td></tr>
<tr><td colspan="2">1. 范围
面向大学生群体提供创业项目咨询、创业指导、政策解析等内容咨询服务
2. 要求
2.1　场地应具备办公区、咨询指导区、授课教室和档案室等功能区
2.2　办公区应配备办公桌椅、电脑、打印机、电话等硬件设施
2.3　咨询指导区应具备相对独立空间及接待设施
2.4　教室应设有可移动课桌椅、黑板或白板、投影仪等基本教学设施
3. 内容
3.1　社会主义核心价值观培养：通过学习创业项目市场评估，培养学生“知己知彼”的能力和公平公正的市场运行理念；通过学习创业团队组建分析，培养学生友善待人、团结合作、诚实守信的精神；通过学习企业风险形态选择和法律责任；培养学生法治意识；具有在农业农村遵纪守法、诚信待人、团结协作的意识，成为中国特色社会主义合格建设者和可靠接班人</td></tr>
</table>

续表 1-47

3.2　创新精神培养。在完成咨询任务的过程中，通过学习创业项目精选，培养学生练就一双火眼金睛，慧眼识“项目”，把握商机、果断出击，在繁杂的项目中，透过表象，精益求精的选准适合自己的优势创业项目，努力奋斗、开拓创新取得成功的素质

3.3　培养创业意识。通过学习创业测评，培养学生“知己”的自知能力和创业意识

3.4　培养创新创业能力：在完成咨询任务的过程中，通过学习启动资金预测培养学生的“预则立，不预则废”的理念；通过学习利润计划制订，培养学生成本分析、效益思维等；通过判断企业能否生存，培养学生“在危机中育新机，于变局中开新局”的危机能力和自省、自律能力。为助力乡村振兴、服务“三农”和农民富裕奠定坚实基础

序号	内容	要点	学习资料
1	创业能力分析	1.能够判断分析咨询者的潜在创业素质和能力 2.能够根据测评信息，详细说明咨询者的创业优势、劣势和潜在风险 3.培养学生“知己”的能力、创新创业意识和服务乡村振兴的意识和能力	
2	创业项目精选分析	1. 能够根据项目初选的信息与咨询者沟通，进一步缩小项目与咨询者的匹配差距 2. 能够从备选的若干项目中，选出与咨询者条件最相匹配的创业项目	
3	创业项目市场评估分析	1.能够全面设计调查问卷和其他信息采集单 2.能够针对咨询者的需求，策划市场调研的适当方式、步骤、时间及人员安排	
4	创业团队组建分析	1. 能够根据咨询者的实际，设计咨询者企业的人员组成、帮助咨询者确定岗位职责 2. 能够针对咨询者的需求，设计企业组织结构和企业员工招聘	
5	启动资金预测分析	1. 能够根据咨询者的实际情况，选择适合咨询者的启动资金的类型 2.能够帮助咨询者开展投资预测和流动资金预测	
6	企业法律形态选择及法律责任分析	1.能够根据咨询者的实际情况，选择适宜的企业法律形态 2. 能够帮助咨询者了解企业的法律环境；明确承担的企业责任；选择企业的商业保险	
7	制订利润计划分析	1. 能够帮助咨询者制订销售价格 2. 能够帮助咨询者预测销售收入 3. 能够帮助咨询者制订销售与成本计划 4. 能够帮助咨询者制订现金流量计划 5. 能够帮助咨询者明确资金来源	

续表 1-47

8	判断企业能否开办	1. 能够按照融资机构的规范编写项目的创业计划书或商业计划书 2. 了解企业开办流程 3. 了解农业种植创业面临的风险 4. 掌握规避农业种植创业风险的对策	
9	评价		

4. 服务流程

4.1 接待登记

接待创业咨询人员，解答其相关创业问题并宣传创业政策，对有意向参加创业培训的人员，协助填写培训申请表

4.2 制订咨询方案

应制订包含咨询时间、地点、内容、花名册、经费预算等内容的咨询方案。相关职能部门有特殊要求的，按相关要求执行

4.3 咨询实施

根据咨询方案做好以下工作：

(1)课程开始前做好咨询者签到工作；

(2)将咨询者进行分组，建立小组学习文化；

(3)介绍咨询的内容；

(4)运用情景模拟、角色扮演、头脑风暴、分组讨论等多种方法进行授课；

(5)运用教学教具，提升咨询效果；

(6)游戏模块环节，需提前准备好所用道具，进行场景布置；

(7)培训过程中应与学员互动交流，适时调整教学方法；

(8)运用评估工具对实际案例进行剖析；

(9)实地考察企业，学习管理经验；

(10)安排工商、税务、法律专业人员讲解相关知识；

(11)做好咨询过程中图文资料的记录；

(12)宣传当前创业政策

4.4 咨询效果

按以下要求做好咨询效果评估和改进工作：

(1)咨询过程中，咨询者填写意见反馈表；

(2)根据反馈意见，及时改进并给予反馈；

(3)咨询结束后，咨询者填写咨询评估表；

(4)根据咨询评估表改进完善

4.5 后续服务

建立咨询者档案系统，跟踪咨询者创业情况。提供政策咨询、贷款融资、人员招聘等后续服务，提高参加创业咨询的咨询者创办企业的成功率

5. 咨询注意事项

5.1 咨询中加强与咨询者的沟通

5.2 及时根据咨询者的需求和反馈调整咨询内容

6. 咨询完毕

6.1 咨询完毕后，整理好咨询者档案资料

6.2 咨询完毕后，打扫咨询室

编写		审核		批准	

四、评价

请你根据表1-48的要求对本活动中的工作和学习情况进行打分。项目总体评价见表1-48。

表1-48 评价 分

<table>
<tr><th colspan="3">评分项目</th><th>分值</th><th>评分细则</th><th>自评得分</th><th>小组评价</th><th>教师评价</th></tr>
<tr><td rowspan="7">素养
(20分)</td><td rowspan="2">职业道德
(10分)</td><td>敬业精神</td><td>5</td><td>按工作认真、敬业程度得1～5分</td><td></td><td></td><td></td></tr>
<tr><td>能与他人合作</td><td>5</td><td>按合作程度得1～5分</td><td></td><td></td><td></td></tr>
<tr><td rowspan="3">纪律情况
(5分)</td><td>不迟到,不早退</td><td>2</td><td>违反一次不得分</td><td></td><td></td><td></td></tr>
<tr><td>积极思考回答问题</td><td>2</td><td>根据上课情况统计得1～2分</td><td></td><td></td><td></td></tr>
<tr><td>“三有一无”(有书、笔、本,无手机)</td><td>1</td><td>违反规定每项扣1分</td><td></td><td></td><td></td></tr>
<tr><td rowspan="2">职业能力
(5分)</td><td>总结能力</td><td>3</td><td>视总结清晰流畅、问题清晰、措施到位情况得1～3分</td><td></td><td></td><td></td></tr>
<tr><td>沟通能力</td><td>2</td><td>总结汇报良好、沟通顺畅得1～2分</td><td></td><td></td><td></td></tr>
<tr><td rowspan="12">核心技术
(60分)</td><td rowspan="2">技术总结
(20分)</td><td>语言表达</td><td>8</td><td>视流畅通顺情况得1～8分</td><td></td><td></td><td></td></tr>
<tr><td>关键步骤提炼</td><td>12</td><td>视具体情况得1～12分</td><td></td><td></td><td></td></tr>
<tr><td rowspan="10">咨询方案
(40分)</td><td>问题分析</td><td>5</td><td>视能否正确分析出现的问题得1～5分</td><td></td><td></td><td></td></tr>
<tr><td>时间要求</td><td>2</td><td>在60分钟内完成总结得2分;超过5分钟扣1分</td><td></td><td></td><td></td></tr>
<tr><td>体会收获</td><td>3</td><td>有学习体会收获得1～3分</td><td></td><td></td><td></td></tr>
<tr><td>资料使用</td><td>3</td><td>正确查阅相关标准得3分;错误不得分</td><td></td><td></td><td></td></tr>
<tr><td>目标依据</td><td>5</td><td>正确完整得5分;基本完整扣2分</td><td></td><td></td><td></td></tr>
<tr><td>工作流程</td><td>3</td><td>工作流程正确得3分;错一项扣1分</td><td></td><td></td><td></td></tr>
<tr><td>工作内容</td><td>10</td><td>内容明确清晰得10分;错一项扣1分</td><td></td><td></td><td></td></tr>
<tr><td>验收标准</td><td>3</td><td>标准查阅正确完整得3分;错项、漏项一项扣1分</td><td></td><td></td><td></td></tr>
<tr><td>注意事项</td><td>3</td><td>完整正确,措施有效得3分;错项、漏项一项扣1分</td><td></td><td></td><td></td></tr>
<tr><td>设备用具</td><td>3</td><td>完整正确得3分;错项、漏项一项扣1分</td><td></td><td></td><td></td></tr>
</table>

续表 1-48

评分项目			分值	评分细则	自评得分	小组评价	教师评价
工作页完成情况（20 分）	按时完成工作页（20 分）	按时提交	5	按时提交得 5 分；迟交不得分			
		完成程度	5	按完成情况分别得 1～5 分			
		回答准确率	5	视准确率情况分别得 1～5 分			
		书面整洁	5	视书面情况分别得 1～5 分			
总分							
综合得分（自评 20%，小组评价 30%，教师评价 50%）							
组长签字				教师评价签字			

请你根据以上打分情况，对本活动当中的工作和学习状态进行总体评述（从素养的自我提升方面、职业能力的提升方面进行评述，分析自己的不足之处，描述对不足之处的改进措施）

教师指导意见：

表 1-49　项目总体评价

项次	项目内容	权重/%	综合得分（各活动加权平均分×权重）	备注
1	接受任务	10		
2	制订方案	20		
3	任务实施	55		
4	验收总结	15		
5	合计			
6	本项目合格与否			教师签字：

请你根据以上打分情况，对本项目当中的工作和学习状态进行总体评述（从素养的自我提升方面、职业能力的提升方面进行评述，分析自己的不足之处，描述对不足之处的改进措施）
教师指导意见：

学习任务二

现代畜牧业创业项目分析

The second part
The second part
The second part
The second part

任务书

一、任务情景描述

艾创业是一名畜牧兽医专业的大学生，计划毕业后响应国家号召，回到家乡广西南宁创业，用他所学到的专业知识自己创业，带动家乡的父老乡亲致富。但他不知道自己是否具备创业的能力，他对创业知识、创业过程、创业政策等都了解不多。他来学校咨询，学校接受了该咨询任务。请你参照创业培训标准，制订接待方案，完成创业项目咨询分析，给出解决方案，帮他撰写创业计划书。

工作过程符合关于印发《创业培训标准（试行）》的通知（中就培发〔2018〕2 号）、“互联网+”大学生创新创业大赛等文件要求。

二、学习活动及学时分配（表 2-1）

表 2-1　学习活动及学时分配

序号	学习活动	学时安排	备注
1	接受任务	3	
2	制订方案	3	
3	任务实施	26	
4	验收总结	4	
合计		36	

学习活动一
接受任务

【建议学时】

3 学时。

【学习目标】

[知识目标]

(1)了解接待咨询的知识。

(2)掌握任务分析报告编制的方法。

[能力目标]

(1)能够识读任务。

(2)能够梳理关键核心问题,并能够准确流畅地表达。

[素养目标]

(1)社会主义核心价值观培养:通过接待咨询者,培养学生友善待人和人际交往能力,具有在农村、农业领域的沟通交流和组织协调能力;成为中国特色社会主义合格建设者和可靠接班人。

(2)培养学生热爱"三农"意识:教师通过组织学生讨论立足养殖专业返乡创业的咨询案例,引导学生学农、爱农,培养学生具有学农、爱农的职业理念和服务"三农"的职业理想、职业态度、职业责任、职业作风及创业、立业能力。

(3)信息化应用能力培养:通过在职教云课前学习发表评论,让学生学会在手机端学习获取学习资源,具备信息化应用能力。

【学习要求】

具体工作步骤及要求见表 2-2。咨询者咨询创业项目分析任务书见表 2-3。

表 2-2 具体工作步骤及要求

序号	工作步骤	要求	学时安排	备注
1	接待咨询	1.能够引导咨询者描述自己面临的创业难题 2.能够将咨询者的表述整理记录为咨询者服务的需求信息 3.能够设计信息采集问卷	0.5	
2	识读任务书	1.能快速准确明确咨询者任务要求并清晰表达 2.在教师要求的时间内完成,能够读懂任务书各项内容	0.5	
3	确定咨询核心问题	根据咨询者咨询的内容,梳理咨询者咨询的核心问题,并请咨询者确认	1	
4	编制任务分析报告	1.能够清晰地描述任务认知与理解等 2.思路清晰,语言描述流畅	0.5	
5	评价		0.5	

表 2-3 咨询者咨询创业项目分析任务书

任务书编号：　　　　　　　　　　　　　　记录格式编号：

咨询者咨询创业项目分析事项情况记录表			
咨询项目	立足畜牧兽医专业回家乡广西南宁创业是否可行？能否创业成功？		
期望完成时间	□普通　　□加急 年 月 日　　□特急 年 月 日　　年 月 日		
咨询者期望获得的结果			
期望得到的咨询结果	□创业计划书 1 份　　□咨询报告 1 份		
载体形式	□纸质　□软盘　□电邮		
送达方式	□自取　□传真　□电邮　□普通邮寄		
咨询者名称（甲方）		单位名称（乙方）	广西农业职业技术大学
地　　址		地　　址	
邮政编码		邮政编码	
电　　话		电　　话	
传　　真		传　　真	
E-mail		E-mail	
甲方咨询人（签名）		乙方受理人（签名）	
咨询日期	年 月 日	受理日期	年 月 日

注：1.本委托书一式叁份,甲方执壹份,乙方执贰份。

2.甲方“咨询人”和乙方“受理人”签字后协议生效。

一、接待咨询

1.请你将咨询者咨询的创业问题的表述记录在下面横线上。

2.请你从记录的表述中选择关键词组成一句话，用精练的语言准确表述咨询者的需求信息，并记录到任务单中。

二、识读任务书

1. 请你找出任务书中的关键词，并把关键词抄在下面横线上。

2.请你从关键词中选择词语组成一句话，说明该任务的要求（其中包含时间、地点、人物以及事件的具体要求）。

三、确定咨询核心问题

1.请你根据任务单，查阅相关资料，以小组形式，罗列出咨询者咨询的核心问题，并解释原因（表 2-4）。

表 2-4　确定咨询者咨询的核心问题

序号	咨询的核心问题	确定该问题是核心问题的原因
1		
2		
3		

注：表格可根据需要增减（下同）。

2. 请让咨询者确认咨询的核心关键问题（表 2-5）。

表 2-5　咨询者对咨询核心关键问题的确认

序号	咨询的核心关键问题	咨询者确认签名	确认日期
1			年　月　日
2			年　月　日
3			年　月　日

四、编制任务分析报告（表 2-6）

表 2-6　任务分析报告

1. 基本信息			
序号	项目	名称	备注
1	咨询人		
2	联系电话		
3	咨询内容		
4	参照标准		
5	咨询时间		
6	受理时间		
7	完成时间		
8	完成地点		

2. 任务分析

（1）在咨询者艾创新的家乡——广西南宁，立足畜牧兽医专业，可以选择哪些创业项目？

（2）针对上述创业项目，你准备选择哪一种项目实施创业，选择的依据是什么？

序号	创业项目	选择依据	备注

五、评价（表 2-7）

表 2-7　评价　　分

评分项目			分值	评分细则	自评得分	小组评价	教师评价
素养（20 分）	职业道德（8 分）	友善	2	待人友善得 2 分；其余不得分			
		沟通协调	2	主动沟通协调得 2 分；其余不得分			
		学农爱农	2	学农爱农得 2 分；其余不得分			
		服务“三农”	2	服务“三农”得 2 分；其余不得分			
	阅读能力（5 分）	快速阅读能力	5	能快速准确明确任务要求并清晰表达得 5 分；能主动沟通在指导后达标得 3 分；其余不得分			
	纪律情况（5 分）	按时到岗，不早退	2	缺勤全扣，迟到、早退一次扣 1 分			
		积极思考回答问题	2	根据上课统计情况得 1～2 分			
		学习用品准备	1	自己主动准备齐全学习用品得 1 分；未准备不得分			
		执行教师命令	0	此为否定项，违规酌情扣 10～100 分，违反校规按校规处理			
	5S（2 分）	桌面、地面整洁	1	自己的工位桌面、地面整洁无杂物，得 1 分；不合格不得分			
		物品定置管理	1	按定置要求放置桌椅、学习用具等得 1 分；其余不得分			
核心技术（60 分）	接待咨询（10 分）	咨询者描述的创业问题	3	能全部掌握得 3 分；部分掌握得 1～2 分；不清楚不得分			
		记录咨询的主要问题	3	全部记录清楚得 3 分；部分清楚得 1～2 分；不清楚不得分			
		设计信息采集问卷	4	设计问卷采集到全部核心信息得 4 分，采集到部分核心信息得 1～3 分；未采集到不得分			

续表 2-7

<table>
<tr><th colspan="3">评分项目</th><th>分值</th><th>评分细则</th><th>自评得分</th><th>小组评价</th><th>教师评价</th></tr>
<tr><td rowspan="8">核心技术（60 分）</td><td rowspan="2">识读任务书（10 分）</td><td>咨询任务书各项内容</td><td>5</td><td>能全部掌握得 5 分；部分掌握得 1～4 分；不清楚不得分</td><td></td><td></td><td></td></tr>
<tr><td>咨询的主要问题</td><td>5</td><td>全部阐述清晰得 5 分；部分阐述清晰得 1～4 分；不清楚不得分</td><td></td><td></td><td></td></tr>
<tr><td>确定咨询核心问题（15 分）</td><td>核心问题罗列齐全</td><td>15</td><td>齐全、无缺项得 15 分；每缺一项扣 1 分，扣完为止</td><td></td><td></td><td></td></tr>
<tr><td rowspan="4">编写任务分析报告（25 分）</td><td>基本信息准确</td><td>5</td><td>能全部掌握得 5 分；部分掌握得 1～4 分；不清楚不得分</td><td></td><td></td><td></td></tr>
<tr><td>每种项目选择符合咨询需求，合理有效</td><td>5</td><td>全部合理有效得 5 分；有缺项或者不合理扣 1 分</td><td></td><td></td><td></td></tr>
<tr><td>每种项目选择的依据阐述清晰</td><td>10</td><td>阐述清晰得 10 分；有缺项或者无法解释的每项扣 1 分</td><td></td><td></td><td></td></tr>
<tr><td>文字描述及语言</td><td>5</td><td>语言清晰流畅得 5 分；文字描述不清晰，但不影响理解与阅读得 3 分；字迹潦草无法阅读不得分</td><td></td><td></td><td></td></tr>
<tr><td rowspan="5">工作页完成情况（20 分）</td><td rowspan="5">按时、保质保量完成工作页（20 分）</td><td>按时提交</td><td>4</td><td>按时提交得 4 分；迟交不得分</td><td></td><td></td><td></td></tr>
<tr><td>书写整齐度</td><td>3</td><td>文字工整、字迹清楚得 3 分</td><td></td><td></td><td></td></tr>
<tr><td>内容完成程度</td><td>4</td><td>按完成情况分别得 1～4 分</td><td></td><td></td><td></td></tr>
<tr><td>回答准确率</td><td>5</td><td>视准确率情况分别得 1～5 分</td><td></td><td></td><td></td></tr>
<tr><td>有独到的见解</td><td>4</td><td>视见解程度分别得 1～4 分</td><td></td><td></td><td></td></tr>
<tr><td colspan="3">合计</td><td>100</td><td></td><td></td><td></td><td></td></tr>
<tr><td colspan="5">总分【加权平均分（自评 20%，小组评价 30%，教师评价 50%）】</td><td colspan="3"></td></tr>
<tr><td colspan="2">组长签字</td><td colspan="2"></td><td>教师评价签字</td><td colspan="3"></td></tr>
<tr><td colspan="8">请你根据以上打分情况，对本活动当中的工作和学习状态进行总体评述（从素养的自我提升方面、职业能力的提升方面进行评述，分析自己的不足之处，描述对不足之处的改进措施）</td></tr>
<tr><td colspan="8">教师指导意见：</td></tr>
</table>

学习活动二
制订方案

【建议学时】

3学时。

【学习目标】

[知识目标]

(1)了解编制工作流程的方法。

(2)掌握工作方案的编制要求及方法。

[能力目标]

(1)能够编制工作流程。

(2)能够编制工作清单。

(3)能够编制工作方案。

[素养目标]

(1)社会主义核心价值观培养:通过学习编制工作流程,培养学生的规则意识、法治意识;通过完成教师课前布置的作业,培养学生的责任意识和诚信意识,具有在农村、农业领域遵纪守法、诚信待人的意识,成为中国特色社会主义合格建设者和可靠接班人。

(2)工匠精神培养:教师通过组织学生讨论工作方案编制等内容,培养学生的团队合作能力,使学生具有精益求精的职业精神。

(3)培养关键岗位职业能力:通过小组合作编制工作方案,培养学生与他人合作和组织协调能力。

【学习要求】

完成工作方案编制,具体工作步骤及要求见表2-8。

表 2-8 具体工作步骤及要求

序号	工作步骤	要求	学时安排	备注
1	编制工作流程	在30分钟内完成，流程完整，确保咨询工作顺利有效完成	0.5	
2	编制工作清单	物品、用具清单完整，满足创业项目分析和咨询者需求	0.5	
3	编制咨询方案	在90分钟内完成编写，任务描述清晰，符合咨询者咨询要求，物品用具等与流程一一对应	1.5	
4	评价		0.5	

一、编制工作流程（表 2-9、表 2-10）

1.我们之前完成了很多创业项目分析，你最熟悉的创业项目分析任务是什么？

创业项目分析任务的主要工作流程一般可分为8步完成，分别是创业测评、创业项目精选、创业项目市场评估、创业团队组建分析、企业法律形态选择及法律责任分析、启动资金预测、制订利润计划、编制创业计划书。

请回忆一下，各部分的主要工作任务有哪些？各部分工作的主要工作内容及要求是什么？大约需要花费多少时间？

表 2-9 任务名称____________

序号	工作流程	主要工作内容及要求	花费时间/小时
1			
2			
3			
4			
5			
6			
7			
8			

2.请你分析该项目，写出工作流程，并写出完成的具体工作内容和要求。

表 2-10 工作流程

序号	工作流程	具体工作内容	要求	备注
1				
2				
3				

续表 2-10

序号	工作流程	具体工作内容	要求	备注
4				
5				
6				
7				
8				
9				

二、编制工作清单

为了完成创业项目咨询任务,需要用到哪些物品？请列表完成(表 2-11)。

表 2-11　物品清单

序号	物品名称	数量	规格
1			
2			
3			
4			
5			

三、编制咨询方案（表 2-12）。

表 2-12　咨询方案

方案名称：______________________

1.任务目标及依据

（填写说明:概括说明本次任务要达到的目标及相关标准和技术资料）

2.工作内容安排

（填写说明:列出工作流程、工作要求、物品、人员及时间安排等）

工作流程	工作要求	物品	人员	时间安排

续表 2-12

3. 验收标准 （填写说明：本项目最终的验收相关项目的标准） 4. 有关注意事项及后续服务等 （填写说明：对注意事项及后续服务等进行具体说明）

四、评价（表 2-13）

表 2-13 评价 分

评分项目			分值	评分细则	自评得分	小组评价	教师评价
素养（20 分）	职业道德（3 分）	工匠精神	1	对工作精益求精且效果明显得 2 分；其余不得分			
		法治意识	1	有法治意识得 2 分；其余不得分			
		与他人合作	1	不符合要求不得分			
	职业能力（10 分）	策划能力	3	按方案策划的逻辑合理性得 1～3 分			
		资料使用	2	正确查阅资料和相关标准得 2 分；错误不得分			
		创新能力（加分项）	5	项目有创新，视情况得 1～5 分			
	纪律情况（5 分）	不迟到，不早退	2	违反一次不得分			
		积极思考回答问题	2	根据上课统计情况得 1～2 分			
		“三有一无”（有书、笔、本，无手机）	1	违反规定每项扣 1 分			
		执行教师命令	0	此为否定项，违规酌情扣 10～100 分，违反校规按校规处理			
	5S(2 分)	场地、设备整洁干净	3	合格得 3 分；不合格不得分			
		服装整洁，不佩戴饰物	2	合格得 2 分；违反一项扣 1 分			

续表 2-13

评分项目			分值	评分细则	自评得分	小组评价	教师评价
核心技术（60分）	时间（5分）	时间要求	5	90分钟内完成得5分；超时10分钟扣2分；扣完为止			
	目标依据（5分）	目标清晰	3	目标明确，可测量得1～3分			
		编写依据	2	依据资料完整得2分，缺一项扣1分			
	咨询流程（20分）	完整	15	完整得15分；错、漏一项扣1分			
		顺序	5	正确得5分；错、漏一项扣1分			
	工作要求（5分）	要求清晰准确	5	完整正确得5分；错项、漏项扣1分			
	物品（5分）	名称完整	2	完整正确得2分；错、漏一项扣1分			
		规格正确	3	数量型号正确得3分；错一项扣1分			
	人员（5分）	组织分配合理	5	人员安排合理，分工明确得5分；组织不合理一项扣1分			
	绩效评价（5分）	咨询者执行效果	5	视咨询者执行情况得1～5分			
	效果评估（5分）	咨询者满意度	5	视咨询者满意情况得1～5分			
	后续服务（5分）	建立档案管理	2	档案完整得2分；错、漏一项扣1分			
		提供后续服务	3	视后续跟踪创业、提供政策咨询、融资、招聘等服务情况得1～3分			
工作页完成情况（20分）	按时保质保量完成工作页（20分）	按时提交	4	按时提交得4分；迟交不得分			
		书写整齐度	3	文字工整、字迹清楚得3分			
		内容完成程度	4	按完成情况分别得1～4分			
		回答准确率	5	视准确率情况分别得1～5分			
		有独到的见解	4	视见解程度分别得1～4分			
合计			100				
总分【加权平均分（自评20%，小组评价30%，教师评价50%）】							
组长签字				教师评价签字			

续表 2-13

评分项目	分值	评分细则	自评得分	小组评价	教师评价
教师指导意见：					

学习活动三

任务实施

【建议学时】

26学时。

【学习目标】

[知识目标]

(1)掌握创业测评的方法。

(2)掌握创业项目精选的方法。

(3)掌握启动资金预测的内容。

(4)掌握制订利润计划的方法和内容。

(5)了解创业项目市场评估内容。

(6)了解创业团队组建分析的方法。

(7)了解企业法律形态选择和法律责任。

(8)了解判断企业能否生存的方法。

[能力目标]

(1)能够开展创业测评。

(2)能够精选创业项目。

(3)能够开展创业项目市场评估。

(4)能够进行创业团队组建分析。

(5)学会进行企业法律形态选择和法律责任分析。

(6)能够开展启动资金预测。

(7)能够制订利润计划。

(8)能够判断企业能否生存。

[素养目标]

(1)社会主义核心价值观培养:通过学习创业项目市场评估,培养学生“知己知彼”的能力和公平公正的市场运行理念;通过学习创业团队组建分析,培养学生友善待人、团结合作、诚实实信的精神;通过学习企业法律形态选择和法律责任分析,培养学生的法治意识;具有在农村、农业领域遵纪守法、诚信待人、团结协作的意识,成为中国特色社会主义合格建设者和可靠接班人。

(2)创新精神培养:在完成咨询任务的过程中,学生通过学习创业项目精选,能够练就火眼金睛,慧眼识"项目",把握商机、果断出击,在繁杂的项目中,透过表象,精益求精地选准适合自己的优势创业项目,努力奋斗、开拓创新取得成功。

(3)培养创业意识:通过学习创业测评,培养学生"知己"的自知能力和创业意识。

(4)培养创新创业能力:在完成咨询任务的过程中,通过学习启动资金预测,培养学生"预则立,不预则废"的理念;通过学习利润计划制订,培养学生的成本分析能力、效益思维等;通过判断企业能否生存,培养学生"在危机中育新机,于变局中开新局"的危机掌控能力,以及自省、自律能力。为助力乡村振兴、服务"三农"和农民富裕奠定坚实基础。

【学习要求】

按照咨询实施方案中的内容,完成咨询者创业测评、创业项目精选、创业项目市场评估、创业团队组建分析、企业法律形态选择及法律责任分析、启动资金预测、制订利润计划、判断企业能否生存。

咨询过程符合规范、标准等要求,具体要求如表 2-14 所示。

表 2-14 具体工作步骤及要求

序号	工作步骤	内容及要点	学时安排	备注
1	创业测评	能够判断分析咨询者的潜在创业素质和能力	1	
		能够根据测评信息,详细说明咨询者的创业优势、劣势和潜在风险	1	
2	创业项目精选	能够根据项目初选的信息与咨询者沟通,进一步缩小项目与咨询者的匹配差距	1	
		能够从备选的若干项目中,选出与咨询者条件最相匹配的创业项目	1	
3	创业项目市场评估	能够全面设计调查问卷和其他信息采集单	2	
		能够针对咨询者的需求,策划市场调研的适当方式、步骤、时间及人员安排,调研需求信息	2	
4	创业团队组建分析	能够根据咨询者的实际,设计咨询者企业的人员组成,帮助咨询者确定岗位职责	1	
		能够针对咨询者的需求,设计企业组织结构和企业员工招聘流程	1	
5	企业法律形态选择及法律责任分析	能够根据咨询者的实际情况,选择适宜的企业法律形态	1	
		能够帮助咨询者了解企业的法律环境;明确承担的企业责任;选择企业的商业保险	1	

续表 2-14

序号	工作步骤	内容及要点	学时安排	备注
6	启动资金预测分析	能够根据咨询者的实际情况，选择适合咨询者启动资金的类型	1	
		能够帮助咨询者开展投资预测和流动资金预测	1	
7	制订利润计划	能够帮助咨询者制定销售价格	1	
		能够帮助咨询者预测销售收入	2	
		能够帮助咨询者制订销售与成本计划	2	
		能够帮助咨询者制订现金流量计划	2	
		能够帮助咨询者明确资金来源	1	
8	判断企业能否生存	能够按照融资机构的规范编写项目的创业计划书或商业计划书	1	
		能够帮助咨询者判断企业能否生存，并进行创业风险分析	1	
9	评价		2	

一、创业测评分析

1. 请你查阅资料，分析一名成功的创业者需要具备哪些关键的素质和能力，并罗列在下面的横线上(不少于 3 个)。

(1)____

____

____

(2)____

____

____

(3)____

____

____

2. 请借助表 2-15，评估咨询者艾创业的创业能力。

表 2-15　创业能力评估表

评估项目	自我评估		其他人评估意见	
	长处	弱项	长处	弱项
承诺——要想成功，你得对你的企业有所承诺，也就是说你得把你的企业看得非常重要，要全身心地投入。你愿意加班加点地工作吗				
动机——如果你是真心想创办企业，成功的可能性就大得多。你要问问自己，你为什么想创办自己的企业？如果你仅仅想有些事情可做，你创业成功的可能性就不大				
诚实——如果你做事不重信誉，名声会不太好，这对你创办企业是不利的，会对你的生意产生负面影响				
健康——你必须健康。没有健康的身体，你将无法兑现自己对企业的承诺。要知道，为企业操劳会影响你的健康，你要衡量一下你的身体条件，是否适应创办企业的需要				
风险——世上没有绝对保险的生意，失败的风险随时可能发生。你必须具有冒险精神，甘愿承担风险，但又不能盲目地去冒险。先看看你可以承担什么样的风险				
决策——在你办企业的过程中，你必须做出许多决定。当要做出对企业有重大影响的决定而又难以抉择时，你必须果断。也许你不得不辞退勤劳而忠诚的员工，只要有必要，就得这么做，不要都发不出工资了，还碍于情面保留雇员				
家庭状况——办企业将占用你很多时间，因此，得到家庭成员的支持尤其重要。你要征求家庭成员的意见，如果他们同意你的创业想法，支持你的创业计划，你就会有强有力的后盾				
财务状况——如果你有钱投资于你的企业，赔光了问题也不大，算有优势。如果你自己没有钱投入，完全依赖于创业的成功，则处于弱势(如果你资金充足，是你的一项长处)				
技术能力——这是你生产产品或提供服务所需要的实用技能。技能的类型将取决于你计划创办的企业的类型				
企业管理技能——指的是有效经营企业所需要的能力，包括销售、成本核算、记账，以及最重要的人员管理能力(同时具备了两项技能，就是你的长处)				
对同类企业的了解——如果你对自己创办的这类企业有丰富的知识和经验，你就能避免犯常见的错误(你懂行，就是你的长处)				
算算你有多少长处和弱项，并将数目写在这里。看看你的长处多，还是弱项多。如果长处多，说明你具有办企业的潜力，选择“是”，反之，选择“否”	是：		否：	

3. 请你针对咨询者艾创业的创业能力弱项，以小组形式，罗列出增强创业能力的具体改进方法(表 2-16)。

表 2-16 增强创业能力的方法

序号	弱项	改进方法
1		
2		
3		
4		

二、创业项目精选分析

1. 请你查阅资料，运用头脑风暴法，以小组形式，罗列出好的畜牧类企业项目内容(表 2-17)。

表 2-17 好的畜牧类企业项目内容一览

序号	内容
1	
2	
3	
4	
5	
6	

2. 请你查阅资料，结合咨询者艾创业的实际情况，以小组形式，分析并初步筛选适合咨询者艾创业的畜牧类企业项目，并分析原因(表 2-18)。

表 2-18 创业项目

序号	创业项目名称	分析原因
1		
2		
3		
4		
5		

3. 请你运用 SWOT 分析法，对表 2-18 中选择的养殖项目分别从优势、劣势、机会、威胁四个方面进行深入分析，并填写到表 2-19 中。

表 2-19 创业项目 SWOT 分析

优势	产品先进性	
	市场前景	
	实用性	
劣势	团队成员经验不足	
	使用反馈信息缺乏	
	群众接受过程漫长	
机会	互联网发展迅速	
	政策支持	
	市场空白	
	云技术的前景广阔	
威胁	同类产品的竞争	
	缺乏品牌竞争力	
	团队规模小	

4. 请以小组形式，写出为咨询者艾创业筛选确定的创业项目名称，并给出解释说明(表 2-20)。

表 2-20 筛选确定的创业项目＿＿＿＿＿＿＿＿

序号	项目	内容	说明
1	该项目的产品或服务将是		
2	顾客将是		
3	能满足顾客的哪些需要		
4	拥有的创办企业所需要的技能、经验和资源		
5	确定了这个创业项目，是因为		

5. 请以小组形式，根据自身条件和所处的环境，认真思考，为咨询者制订创业项目行动计划(表 2-21)。

表 2-21 创业项目行动计划

序号	项目	内容	说明
1	拟采取的行动		
2	如何做		
3	谁做		
4	何时做		
5	预期结果		

三、创业项目市场评估分析

1. 查阅资料，以小组形式，在下面横线上为你的咨询者列出市场调研步骤和市场调研流程。

市场调研步骤：

(1)____

(2)____

(3)____

市场调研流程：

(1)____

(2)____

(3)____

2. 请你根据最终筛选出的创业项目，查阅资料、开展调查，以小组形式，撰写市场调研情况(表 2-22)。

表 2-22 ____________ 创业项目市场调研

序号	产品或服务	顾客	顾客的需要和喜好	竞争对手	销售前景
1					
2					
3					

3. 以小组形式，从产品、价格、地点和促销四个方面着手，为你的咨询者创业企业制订市场营销计划（表 2-23）。

表 2-23 市场营销计划

市场营销计划——产品计划		
项目	产品种类	
颜色		
品质		
特色		
新鲜度		
市场营销计划——价格计划		
项目	产品或服务种类	
成本		
顾客能接受的价格		
竞争对手的价格策略		
我的价格策略		
制订价格策略的理由		
是否可以打折		
打折的理由		
是否允许赊购		
市场营销计划——地点计划		
地点		
选址原因		
分销方法		
选择这些销售对象的原因		
市场营销计划——促销计划		
促销类型	具体内容	促销成本

4. 利用表 2-24，为咨询者艾创业的创业企业开展销售预测。

表 2-24　销售预测一览

产品	月份											
	1	2	3	4	5	6	7	8	9	10	11	12

四、创业团队组建分析

1. 请你根据咨询者艾创业的企业实际情况，为咨询者设计岗位职责(表 2-25)。

表 2-25　企业岗位职责

工作岗位	所需的技能和经验	需要雇用的员工数	月工资/元

2. 请结合咨询者艾创业的实际情况，为咨询者列出所需员工的数量、种类及原因。

所需要的员工数量：________________________________.

所需要的员工种类：________________________________.

说明原因：______________________________________.

3. 请你为咨询者画出企业组织结构图。

五、企业法律形态选择及法律责任分析

1.请你根据所学的知识，查阅资料，写出下列几种企业法律形态的区别(表2-26)。

表2-26 几种企业法律形态一览

项目	个体工商户	农村承包经营户	个人独资企业	合伙企业	农民专业合作社	有限责任公司
登记注册						
创办企业的成本费用						
注册资金要求						
创办企业复杂程度						
业主数量						
业主对企业债务的责任						
风险						
企业决策过程						
纳税						

2.请认真思考每一种企业法律形态的优缺点，为咨询者艾创业的企业选择合适的企业法律形态，并阐述你选择这一法律形态的原因。

为咨询者选择的法律形态是：______________________________

说明原因：______________________________

____

____

____

3.查阅资料，以小组形式，列出你为咨询者选择的畜牧类企业相关的基本法律(表2-27)。

表2-27 与畜牧类企业相关的基本法律、法规

序号	法律名称	相关内容
1		
2		
3		
4		

4. 查阅资料，以小组形式，列出咨询者需要承担哪些法律责任？是否需要为企业投保，投保哪些保险？请记录在表2-28中。

表 2-28　与新办农业企业相关的法律、责任和农业保险

序号	项目	说明
1	企业登记名称	
2	相关的法律法规	
3	企业需要的保险	
4	企业的其他责任	

5. 查阅资料，在下列横线上列出各级政府对养殖行业创业的相关扶持政策（不少于3个）。

(1) ______________________________

____

____

(2) ______________________________

____

____

(3) ______________________________

____

____

6. 请以小组形式，去当地的工商、税务部门和银行咨询，为你的咨询者列出注册企业（公司）、申请开户的过程（表2-29）。

表 2-29　注册企业（公司）申办开户

序号	流程	准备的材料	注意事项	备注
1				
2				
3				
4				

六、启动资金预测分析

1. 回顾启动资金的类型，查阅资料，以小组形式，在下列横线上为咨询者罗列出企业所需要的启动资金。

投资（固定资产）______________________________

____

____

流动资金________________________________

____

____

2. 以小组形式，为咨询者开展投资（固定资产）预测（表 2-30）。

表 2-30　投资预测

序号	项目	费用/元	备注
1			
2			
3			
4			

3. 以小组形式，为咨询者开展流动资金预测（表 2-31）。

表 2-31　企业所需要的成本项目

序号	项目	前______个月的成本/元	备注
1			
2			
3			
4			

七、制订利润计划分析

1. 回顾企业成本类型相关知识，查阅资料，以小组形式，为咨询者罗列出企业所需要的成本项目（表 2-32）。

表 2-32　企业所需要的成本项目

序号	直接成本项目	间接成本项目	备注
1			
2			
3			
4			

2. 根据产品单位产量（千克）成本＝（生产该种作物总成本－副产品价值）÷该种畜牧产品总产量，为你的咨询者核算成本（表 2-33）。

表 2-33　企业所需要的总成本

项目		费用/[元/(亩·年)]	备注
直接成本			
合计			
间接成本			
合计			

3.查阅折旧的相关知识，以小组形式，根据2019年4月23日发布实施《中华人民共和国企业所得税法实施条例》，采用平均年限折旧法计提折旧，为你的咨询者计算固定资产折旧(表2-34)。

表 2-34　固定资产折旧

项目	价值/元	年折旧率/%	年折旧/元	月折旧/元
办公桌、椅		5		
电风扇		5		
电脑		3		
打印机		3		
二手货车		4		
合计				

4.查阅资料，以小组形式，为你的咨询者列出企业需要的资金(表2-35)。

表 2-35　企业资金需求明细(3个月)

资金需求	金额/万元	备注
固定资产		
人员工资		
流动资金		
合计		

5. 以小组形式，为你的咨询者列出企业需要的资金来源（表 2-36）。

表 2-36 资金来源

筹资渠道	资金提供方	金额/万元

6. 以小组形式，为你的咨询者列出股权分配（表 2-37）。

表 2-37 股本结构及规模

万元

项目	自筹资金	专利技术	风险投资
金额			0
比例			

7. 以小组形式，为你的咨询者进行销售收入预测分析（表 2-38）。

表 2-38 养殖企业销售预测

项目		月份											
		1	2	3	4	5	6	7	8	9	10	11	12
1	销售数量												
	平均单价												
	月销售额												
2	销售数量												
	平均单价												
	月销售额												
3	销售数量												
	平均单价												
	月销售额												
4	销售数量												
	平均单价												
	月销售额												
合计	销售总量												
	销售总收入												

8. 以小组形式，为你的咨询者制订销售和成本计划(表 2-39)。

表 2-39 销售和成本计划(亩/年)

万元

项目	月份												合计
	1	2	3	4	5	6	7	8	9	10	11	12	
含税销售收入													
流转税													
销售额													
直接材料成本													
直接人工成本													
毛利													
间接成本													
纯利													

9. 以小组形式，为你的咨询者制订现金流量计划(表 2-40)。

表 2-40 现金流量计划

万元

现金流		月份											
		1	2	3	4	5	6	7	8	9	10	11	12
现金流入	月初现金状况												
	创业者投资												
	银行贷款												
	现金销售收入												
	赊账销售收入												
	现金流入总额												
现金流出	机器、设备投资												
	厂房和土地投资												
	直接材料成本												
	直接人工成本												
	开办费用												
	土地租金												
	机械租金												
	农业保险费用												
	其他间接成本												
	现金流出总额												
月底现金													

八、编制创业计划书

1. 以小组形式，在下面横线上罗列出编制创业计划书的好处（不少于 2 个）。

（1）____

（2）____

2. 查阅资料，以小组形式，列出创业计划书的主要内容（表 2-41）。

表 2-41 创业计划书的主要内容

序号	主要内容	重点问题

3. 以小组形式，查阅资料，为你的咨询者编写一份完整的创业计划书（表 2-42）。

表 2-42 创业计划书

（以大学生创新创业大赛项目计划书为例）

1. 项目概述

1.1 公司及产品或服务的介绍

1.2 项目的产业背景和市场竞争环境

1.3 项目的市场机会和有效的市场需求

1.4 目标客户群体

1.5 创业团队的特殊性和优势

1.6 目前运营情况及发展目标

2. 发展战略

2.1 项目的商业模式

2.1.1 客户细分

2.1.2 价值主张

2.1.3 渠道通路

续表 2-42

2.1.4 客户关系
2.1.5 收入来源
2.1.6 关键业务
2.1.7 核心资源
2.1.8 重要合作伙伴
2.1.9 成本结构

2.2 市场发展策略

2.2.1 市场定位
2.2.2 竞争力分析

2.3 项目 SWOT 战略分析

项目 SWOT 战略分析

优势	产品先进性	
	市场潜能大	
	实用性	
劣势	团队成员经验不足	
	使用反馈信息缺乏	
	群众接受过程漫长	
机遇	互联网发展迅速	
	政策支持	
	市场空白	
	云技术的前景广阔	
威胁	同类产品的竞争	
	缺乏品牌竞争力	
	团队规模小	

3. 营销策略

3.1 市场调研分析

3.1.1 市场环境分析
3.1.2 政策环境分析
3.1.3 市场需求分析

3.2 市场营销策略

续表 2-42

3.3 宣传策略

3.4 产品定价

4. 财务分析

4.1 公司资金需求

资金需求明细

用途	金额/万元
办公用费	
固定资产	
宣传推广	
人员工资	
流动资金	
原料成本	

4.2 融资方案

4.2.1 资金来源

资金来源 万元

筹资渠道	资金提供方	金额
自筹资金	股东	
风险投资	企业	
合计	—	

4.2.2 股权分配

股本结构及规模 万元

项目	自筹资金	专利技术	风险投资
金额			
比例			

4.3 财务报表

4.3.1 固定资产

资金来源中的 50 万元用于固定资产的购置。

其中，折旧率标准参看根据 2019 年 4 月 23 日发布实施的《中华人民共和国企业所得税法实施条例》，采用平均年限折旧法计提折旧。

生产经营所需设备、工具和办公家具

名称	数量	单价/元	金额/万元
机器人			
配套系统			
合计			

续表 2-42

项目	原值 /元	年折旧率 /%	年折旧金额 /元	备注
办公家具				
电子设备				
交通工具				
店铺/厂房				
合计/元				

4.3.2　原材料/商品采购成本

生产成本

名称	数量	单价/元	金额/万元
硬件设备			
配套系统			
合计			

4.3.3　年销售与管理费用预测

根据本公司的实际情况，谨慎预测年销售与管理费用，具体如下：

生产经营过程所需销售、管理、财务费用

类别	科目	金额/元
营销费用	宣传推广费用	
管理费用	员工薪酬	
	办公用品及耗材	
	水、电、交通差旅费	
	其他	
财务费用	利息	

4.3.4　营业收入预算表

根据市场调研和本公司制定的营销目标，谨慎估计本公司的营业收入，具体如下：

营业收入预算　　万元

	第一年	第二年	第三年
一、收入			
减：成本			
二、利润（含各种费用）			
减：销售费用			
管理费用			

续表 2-42

财务费用			
销售税金及附加			
三、利润总额			
减：所得税			
四、净利润			

资产负债表 万元

序号	项目	年份		
		第一年	第二年	第三年
1	资产			
1.1	流动资产			
1.2	固定资产净值			
1.3	无形资产净值			
1.4	其他			
2	负债及所有者权益			
2.1	负债			
2.2	所有者权益			
2.2.1	资本金			
2.2.2	盈余公积金			
2.2.3	未分配利润			

现金流量表 万元

序号	项目	年份		
		第一年	第二年	第三年
1	现金流入			
1.1	产品销售收入			
1.2	回收固定资产余值			
2	现金流出			
2.1	自有资金			
2.2	借款本金偿还			
2.3	借款利息支付			
2.4	经营成本			
2.5	销售税金及附加			
2.6	所得税			

续表 2-42

3	净现金流量			
4	累计现金流量			

4.4 风险资金退出策略

4.4.1 股权方式融资的退出

4.4.2 债权方式融资的退出

5 创业管理团队

5.1 团队介绍

5.2 组织架构及分工

4.请你的咨询者回答以下问题,帮助咨询者判断依托该项目开办企业是否能够生存(表 2-43)。

表 2-43 企业生存分析

序号	问题	是	否
1	你有没有足够的责任心和能力来创办企业?		
2	你的企业能否赚钱?		
3	你是否有足够的资金来创办企业?		
4	你有没有足够的时间和精力来承担企业的管理工作?		
5	销量能不能提高?		
6	销售价格有没有提高的余地?		
7	哪些成本最高?有没有可能降低这些成本?		
8	能否靠减少库存或降低原材料的浪费来降低成本?		
9	你是否有足够的资金创办企业?		
10	如果你的现金流量表显示某个月份现金短缺,你是否能够采取有效措施?		
11	你是否制订了一份严谨的行动计划?		
12	你是否把要做的事情列出了一份清单?		
13	你是否能够按照计划去执行?		

评估你的咨询者是否已经做好了创业准备?如果你的咨询者答“是”较多,可以考虑建议你的咨询者开始创业。如果答“否”较多,你要建议你的咨询者认真思考了,或从创业的最初阶段重新评估开始。

5.查阅资料,以小组形式,罗列出创业过程中存在的风险(不少于 3 个)。

(1)____

____

____

(2)____

____

____

(3)____

____

____

6. 查阅资料，以小组形式，罗列出规避创业风险的对策(不少于 3 个)。

(1)____

(2)____

(3)____

九、评价（表 2-44）

表 2-44　评价　　　　　　　　　　分

评分项目			分值	评分细则	自评得分	小组评价	教师评价
素养(20 分)	职业道德(5 分)	诚信	2	不符合要求不得分			
		法治	1	不符合要求不得分			
		公正	1	不符合要求不得分			
		团结	1	不符合要求不得分			
	职业能力(5 分)	创新精神	3	有创新，视情况得 1～3 分			
		创业意识	2	有创业意识，视情况得 1～2 分			
		创新创业能力（加分项）	5	有创新创业能力，视情况得 1～5 分			
	纪律情况(5 分)	不迟到，不早退	2	违反一次不得分			
		积极思考回答问题	2	根据上课统计情况得 1～2 分			
		“三有一无”(有书、笔、本，无手机)	1	违反规定每项扣 1 分			
		执行教师命令	0	此为否定项，违规酌情扣 10～100 分，违反校规按校规处理			
	5S(5 分)	场地、设备整洁干净	3	合格得 3 分；不合格不得分			
		服装整洁，不佩戴饰物	2	合格得 2 分；违反一项扣 1 分			

续表 2-44

评分项目			分值	评分细则	自评得分	小组评价	教师评价
核心技术（60 分）	创业测评（5 分）	分析咨询者的创业意识	2	咨询者创业适应性分析全面得 2 分；分析不全得 1 分；未分析不得分			
		增强咨询者创业能力的有效措施	3	视措施有效性得 1～3 分			
	创业项目精选（5 分）	创业项目构思	3	视构思的创业项目符合咨询者需求情况得 1～3 分			
		创业项目选择	2	创业项目选择依据充分得 2 分，依据不充分扣 1 分			
	创业项目市场评估（10 分）	市场调研步骤	1	市场调研步骤齐全得 1 分；不齐全不得分			
		市场调研流程	1	市场调研流程合理得 1 分，不合理不得分			
		了解市场行情	2	市场行情了解全面得 2 分，不全面得 1 分			
		市场营销计划	5	视产品、价格、地点和促销四个方面调查是否全面有效得 1～5 分			
		市场预测销售	1	市场预测合理得 1 分，不合理不得分			
	创业团队组建分析（5 分）	挑选员工的步骤	1	能列出挑选员工的步骤得 1 分，不能列出不得分			
		定岗定责	3	视定岗定责情况得 1～3 分			
		画出企业组织结构图	1	视画出的企业组织结构图情况得 1 分，不能画出不得分			
	启动资金预测（3 分）	启动资金类型	1	能选择适合咨询者的启动资金的类型得 1 分，不能列出不得分			
		投资预测	1	能够帮助咨询者开展投资预测得 1 分，不能列出不得分			
		流动资金预测	1	能够帮助咨询者开展流动资金预测得 1 分，不能列出不得分			
	企业法律形态选择及法律责任分析（4 分）	选择正确的企业法律形态	1	选择正确得 1 分；不正确不得分			
		法律责任分析	2	分析全面正确得 2 分；错漏一项扣 1 分			
		种植行业扶持政策	1	列出的扶持政策有针对性得 1 分，反之不得分			

续表 2-44

<table>
<tr><th colspan="3">评分项目</th><th>分值</th><th>评分细则</th><th>自评得分</th><th>小组评价</th><th>教师评价</th></tr>
<tr><td rowspan="10">核心技术（60 分）</td><td rowspan="4">制订利润计划（15 分）</td><td>成本核算分析</td><td>4</td><td>视成本核算准确全面情况得 1～4 分</td><td></td><td></td><td></td></tr>
<tr><td>销售收入预测</td><td>2</td><td>视销售收入预测准确全面情况得 1～2 分</td><td></td><td></td><td></td></tr>
<tr><td>制订销售和成本计划</td><td>4</td><td>视制订的销售和成本计划依据是否充分得 1～4 分</td><td></td><td></td><td></td></tr>
<tr><td>制订现金流量计划</td><td>5</td><td>视制订的现金流量计划是否全面合理得 1～5 分</td><td></td><td></td><td></td></tr>
<tr><td>编写创业计划书（3 分）</td><td>编写创业计划书</td><td>3</td><td>视创业计划书编写全面和有效性情况得 1～3 分</td><td></td><td></td><td></td></tr>
<tr><td rowspan="5">综合评价项目（10 分）</td><td>基本操作规范性</td><td>2</td><td>视操作规范情况得分 1～2 分</td><td></td><td></td><td></td></tr>
<tr><td>熟练程度</td><td>3</td><td>视操作熟练情况得 1～3 分</td><td></td><td></td><td></td></tr>
<tr><td>分析咨询</td><td>2</td><td>按照时间要求完成得 2 分；未在要求时间内完成不得分</td><td></td><td></td><td></td></tr>
<tr><td>礼貌性</td><td>2</td><td>对咨询者、小组成员有礼貌得 2 分，欠缺礼貌不得分</td><td></td><td></td><td></td></tr>
<tr><td>工作过程安全性</td><td>1</td><td>无事故发生得 1 分；发生事故不得分</td><td></td><td></td><td></td></tr>
<tr><td rowspan="5">工作页完成情况（20 分）</td><td rowspan="5">按时完成工作页（20 分）</td><td>按时提交</td><td>4</td><td>按时提交得 4 分；迟交不得分</td><td></td><td></td><td></td></tr>
<tr><td>书写整齐度</td><td>3</td><td>文字工整、字迹清楚得 3 分</td><td></td><td></td><td></td></tr>
<tr><td>内容完成程度</td><td>4</td><td>按完成情况分别得 1～4 分</td><td></td><td></td><td></td></tr>
<tr><td>回答准确率</td><td>5</td><td>视准确率情况分别得 1～5 分</td><td></td><td></td><td></td></tr>
<tr><td>有独到的见解</td><td>4</td><td>视见解程度分别得 1～4 分</td><td></td><td></td><td></td></tr>
<tr><td colspan="5">总分【加权平均分（自评 20%，小组评价 30%，教师评价 50%）】</td><td colspan="3"></td></tr>
<tr><td colspan="3">组长签字</td><td></td><td>教师评价签字</td><td colspan="3"></td></tr>
<tr><td colspan="8">请你根据以上打分情况，对本活动当中的工作和学习状态进行总体评述（从素养的自我提升方面、职业能力的提升方面进行评述，分析自己的不足之处，描述对不足之处的改进措施）</td></tr>
</table>

续表 2-44

评分项目	分值	评分细则	自评得分	小组评价	教师评价
教师指导意见：					

学习活动四
验收总结

【建议学时】

4学时。

【学习目标】

[知识目标]

(1)了解咨询报告的内容。

(2)掌握创业项目分析总结的撰写要求

[能力目标]

(1)能够编制咨询报告。

(2)能撰写创业项目总结。

[素养目标]

(1)社会主义核心价值观培养:通过学习咨询报告编制,培养学生的责任、敬业意识和诚信精神;具有在农村、农业领域处理复杂问题的意识,成为中国特色社会主义合格建设者和可靠接班人。

(2)工匠精神培养:教师通过组织学生编写咨询报告,培养学生的团队合作能力和精益求精的职业精神。

(3)培养关键职业能力:通过小组合作编制咨询方案,培养学生与人合作和组织协调能力。通过撰写项目总结,培养学生分析问题和解决问题的能力。

【学习要求】

能够编写咨询报告书,撰写项目总结,能够总结拓展,开展后续服务,具体要求见表2-45。

表 2-45 要求及学时

序号	工作步骤	要求	学时	备注
1	编写咨询报告书	能规范填写咨询报告书	1.5	
2	撰写项目总结	能撰写项目总结	2	
3	评价		0.5	

一、编写咨询报告书

以小组形式，认真填写咨询报告书。

广西农业职业技术大学
创业项目分析

咨询报告书

名　　　　　称：________________

咨询者(单位)：________________

报告日期　　年　　月　　日

咨询报告书首页　　　　广西农业职业技术大学创业项目分析中心
字（20　　　年）第　　　号

咨询项目名称 ______________________

咨询编号 __________ 咨询需求 __________

咨询日期 ______________________

咨询及分析依据：

结论及评价 ______________________

报告编制：　　校对：　　签发：　　盖章

年　　月　　日

项目名称　　判定

报告书包括封面、首页、正文（附页）、封底，并盖有咨询章和骑缝章。

二、撰写项目总结（表 2-46）

要求：(1)语言精练，无错别字。

(2)编写内容主要包括：学习内容、个人体会、学习中的优缺点及改进措施。

(3)字数 500 字左右。

表 2-46 项目总结

______________________项目总结

一、任务说明

二、工作过程

主要操作步骤及要点

序号	主要操作步骤	要点
1		
2		
3		
4		
5		
6		
7		
8		

三、遇到的问题及解决措施

四、个人体会

三、作业指导书（表 2-47）

表 2-47　作业指导书

广西农业职业技术大学创业项目分析作业指导书	文件编号：
主题：农业种植类专业创业项目分析	
本作业指导书参考创业培训标准（试行）、青年创业培训服务规范（DB32/T 3506—2019）、第八届中国国际“互联网+”大学生创新创业大赛评审规则编制	
序号	学习资料
1	创业培训标准（试行）
2	青年创业培训服务规范（DB32/T 3506—2019）
3	第八届中国国际“互联网+”大学生创新创业大赛评审规则
4	中国就业网——人力资源和社会保障部大型就业培训门户网站
5	高校毕业生就业创业政策服务指南
1. 范围 面向大学生群体提供创业项目咨询、创业指导、政策解析等内容咨询服务 **2. 要求** 2.1　场地应具备办公区、咨询指导区、授课教室和档案室等功能区 2.2　办公区应配备办公桌椅、电脑、打印机、电话等硬件设施 2.3　咨询指导区应具备相对独立空间及接待设施 2.4　教室应设有可移动课桌椅、黑板或白板、投影仪等基本教学设施 **3. 内容** 3.1　社会主义核心价值观培养：通过学习创业项目市场评估，培养学生“知己知彼”的能力和公平公正的市场运行理念；通过学习创业团队组建分析，培养学生友善待人、团结合作、诚实守信的精神；通过学习企业风险形态选择和法律责任，培养学生法治意识；具有在农业农村遵纪守法、诚信待人、团结协作的意识，成为中国特色社会主义合格建设者和可靠接班人	

续表 2-47

3.2 创新精神培养。在完成咨询任务的过程中，通过学习创业项目精选，培养学生练就一双火眼金睛，慧眼识“项目”，把握商机、果断出击，在繁杂的项目中，透过表象，精益求精的选准适合自己的优势创业项目，努力奋斗、开拓创新取得成功的素质

3.3 培养创业意识。通过学习创业测评，培养学生“知己”的自知能力和创业意识

3.4 培养创新创业能力：在完成咨询任务的过程中，通过学习启动资金预测培养学生的“预则立，不预则废”的理念；通过学习利润计划制订，培养学生成本分析、效益思维等；通过判断企业能否生存，培养学生“在危机中育新机，于变局中开新局”的危机能力和自省、自律能力。为助力乡村振兴、服务“三农”和农民富裕奠定坚实基础

序号	内容	要点	学习资料
1	创业能力分析	1. 能够判断分析咨询者的潜在创业素质和能力 2. 能够根据测评信息，详细说明咨询者的创业优势、劣势和潜在风险 3. 培养学生“知己”的能力、创新创业意识和服务乡村振兴的意识和能力。	
2	创业项目精选	1. 能够根据项目初选的信息与咨询者沟通，进一步缩小项目与咨询者的匹配差距 2. 能够从备选的若干项目中，选出与咨询者条件最相匹配的创业项目	
3	创业项目市场评估	1. 能够全面设计调查问卷和其他信息采集单 2. 能够针对咨询者的需求，策划市场调研的适当方式、步骤、时间及人员安排	
4	创业团队组建分析	1. 能够根据咨询者的实际，设计咨询者企业的人员组成、帮助咨询者确定岗位职责 2. 能够针对咨询者的需求，设计企业组织结构和企业员工招聘	
5	启动资金预测分析	1. 能够根据咨询者的实际情况，选择适合咨询者的启动资金的类型 2. 能够帮助咨询者开展投资预测和流动资金预测	
6	企业法律形态选择及法律责任分析	1. 能够根据咨询者的实际情况，选择适宜的企业法律形态 2. 能够帮助咨询者了解企业的法律环境；明确承担的企业责任；选择企业的商业保险	
7	制订利润计划	1. 能够帮助咨询者制订销售价格 2. 能够帮助咨询者预测销售收入 3. 能够帮助咨询者制订销售与成本计划 4. 能够帮助咨询者制订现金流量计划 5. 能够帮助咨询者明确资金来源	

续表 2-47

8	判断企业能否开办	1. 能够按照融资机构的规范编写项目的创业计划书或商业计划书 2. 了解企业开办的流程 3. 了解农业种植创业面临的风险 4. 掌握规避农业种植创业风险的对策	
9	评价		

4. 服务流程

4.1 接待登记

接待创业咨询人员，解答其相关创业问题并宣传创业政策，对有意向参加创业培训的人员，协助填写培训申请表

4.2 制订咨询方案

应制订包含咨询时间、地点、内容、花名册、经费预算等内容的咨询方案。相关职能部门有特殊要求的，按相关要求执行

4.3 咨询实施

根据咨询方案做好以下工作：

(1)课程开始前做好咨询者签到工作；

(2)将咨询者进行分组，建立小组学习文化；

(3)介绍咨询的内容；

(4)运用情景模拟、角色扮演、头脑风暴、分组讨论等多种方法进行授课；

(5)运用教学教具，提升咨询效果；

(6)游戏模块环节，需提前准备好所用道具，进行场景布置；

(7)培训过程中应与学员互动交流，适时调整教学方法；

(8)运用评估工具对实际案例进行剖析；

(9)实地考察企业，学习管理经验；

(10)安排工商、税务、法律专业人员讲解相关知识；

(11)做好咨询过程中图文资料的记录；

(12)宣传当前创业政策

4.4 咨询效果

按以下要求做好咨询效果评估和改进工作：

(1)咨询过程中，咨询者填写意见反馈表；

(2)根据反馈意见，及时改进并给予反馈；

(3)咨询结束后，咨询者填写咨询评估表；

(4)根据咨询评估表改进完善

4.5 后续服务

建立咨询者档案系统，跟踪咨询者创业情况。提供政策咨询、贷款融资、人员招聘等后续服务，提高参加创业咨询的咨询者创办企业的成功率

5. 咨询注意事项

5.1 咨询中加强与咨询者的沟通

5.2 及时根据咨询者的需求和反馈调整咨询内容

6. 咨询完毕

6.1 咨询完毕后，整理好咨询者档案资料

6.2 咨询完毕后，打扫咨询室

编写		审核		批准	

四、评价

请你根据表2-48的要求对本活动中的工作和学习情况进行打分。项目总体评价见表2-49。

表2-48　评价　　分

评分项目			分值	评分细则	自评得分	小组评价	教师评价
素养（20分）	职业道德（10分）	敬业精神	5	按工作认真、敬业程度得1～5分			
		能与他人合作	5	按合作程度得1～5分			
	纪律情况（5分）	不迟到，不早退	2	违反一次不得分			
		积极思考回答问题	2	根据上课情况统计得1～2分			
		“三有一无”（有书、笔、本，无手机）	1	违反规定每项扣1分			
	职业能力（5分）	总结能力	3	视总结清晰流畅、问题清晰、措施到位情况得1～3分			
		沟通能力	2	总结汇报良好，沟通顺畅得1～2分			
核心技术（60分）	技术总结（20分）	语言表达	8	视流畅通顺情况得1～8分			
		关键步骤提炼	12	视具体情况得1～12分			
	咨询方案（40分）	问题分析	5	视能否正确分析出现的问题得1～5分			
		时间要求	2	在60分钟内完成总结得2分；超过5分钟扣1分			
		体会收获	3	有学习体会收获得1～3分			
		资料使用	3	正确查阅相关标准得3分；错误不得分			
		目标依据	5	正确完整得5分；基本完整扣2分			
		工作流程	3	工作流程正确得3分；错一项扣1分			
		工作内容	10	内容明确清晰得10分；错一项扣1分			
		验收标准	3	标准查阅正确完整得3分；错项、漏项一项扣1分			
		注意事项	3	完整正确，措施有效得3分；错项、漏项一项扣1分			
		设备用具	3	完整正确得3分；错项、漏项一项扣1分			

续表 2-48

<table>
<tr><th colspan="3">评分项目</th><th>分值</th><th>评分细则</th><th>自评得分</th><th>小组评价</th><th>教师评价</th></tr>
<tr><td rowspan="4">工作页完成情况(20分)</td><td rowspan="4">按时完成工作页(20分)</td><td>按时提交</td><td>5</td><td>按时提交得5分;迟交不得分</td><td></td><td></td><td></td></tr>
<tr><td>完成程度</td><td>5</td><td>按完成情况分别得1～5分</td><td></td><td></td><td></td></tr>
<tr><td>回答准确率</td><td>5</td><td>视准确率情况分别得1～5分</td><td></td><td></td><td></td></tr>
<tr><td>书面整洁</td><td>5</td><td>视书面情况分别得1～5分</td><td></td><td></td><td></td></tr>
<tr><td colspan="5">总分</td><td></td><td></td><td></td></tr>
<tr><td colspan="5">综合得分(自评20%,小组评价30%,教师评价50%)</td><td></td><td></td><td></td></tr>
<tr><td colspan="3">组长签字</td><td></td><td>教师评价签字</td><td colspan="3"></td></tr>
<tr><td colspan="8">请你根据以上打分情况,对本活动当中的工作和学习状态进行总体评述(从素养的自我提升方面、职业能力的提升方面进行评述,分析自己的不足之处,描述对不足之处的改进措施)</td></tr>
<tr><td colspan="8">教师指导意见:</td></tr>
</table>

表 2-49 项目总体评价

项次	项目内容	权重/%	综合得分（各活动加权平均分×权重）	备注
1	接受任务	10		
2	制订方案	20		
3	任务实施	55		
4	验收总结	15		
5	合计			
6	本项目合格与否			教师签字：

请你根据以上打分情况，对本项目当中的工作和学习状态进行总体评述（从素养的自我提升方面、职业能力的提升方面进行评述，分析自己的不足之处，描述对不足之处的改进措施）

教师指导意见：

附　录

Appendix

Appendix

Appendix

Appendix

附录一
现代农牧业典型创业项目分析

项目一　小型家庭农场创办分析

梁丹的创业故事(一)——产生创业想法

梁丹,某职业院校大二学生,她是一个性格开朗的女孩。近年来,我国在大力推进农村建设,梁丹来自农村,时常关注国家农业政策态势。大一刚入校,她就已经萌生了自己创业的想法,因此在填报志愿时,她根据自己的高考分数,选择了就业创业门槛较低的农学类专业,并自修了一些经济类专业的课程。"家庭农场"是近几年的新生事物,各大网络、报纸铺天盖地地宣传家庭农场创建的优厚条件和良好效益,所以她在大学期间就时刻关注和学习相关方面的信息和知识,信心满满,决定毕业后就大干一场。

一、了解家庭农场的发展趋势

(一)什么是家庭农场

需要明确的问题:什么是家庭农场?它和一般理解的农业经营是否一致?

家庭农场的概念起源于欧美国家,美国农业部将家庭农场定义为"没有雇佣经理、不含非家庭成员的法人或合作组织的农场"。俄罗斯在《家庭农场法》中指出"家庭农场是享有法人权利的独立的生产经营主体"。

我国不同的学者对家庭农场的概念界定不同,但具有相似之处,都强调:家庭农场是指以家庭成员为主要劳动力,从事农业规模化、集约化、商品化生产经营,并以农业收入为家庭主要收入来源的新型农业经营主体。

家庭农场认定标准如下：

(1)土地流转以双方自愿为原则，并依法签订土地流转合同；

(2)土地经营规模：水田、蔬菜和经济作物经营面积30公顷以上，其他大田作物经营面积50公顷以上。土地经营相对集中连片；

(3)土地流转时间：10年以上(包括10年)；

(4)投入规模：投资总额(包括土地流转费、农机具投入等)要达到50万元以上；

(5)有符合创办专业农场发展的规划或章程。

家庭农场认定标准的明确，对一味追求土地经营规模、资本的企业变身家庭农场等现象有了更好的整顿，有效避免了“冒充”家庭农场的现象。这对我国家庭农场健康快速地发展有非常重要的意义。

(二)家庭农场的产业特点

(1)家庭性。家庭农场以家庭为基本生产单位，收入归家庭所有。

(2)适度规模性。相对于以往的家庭联产承包责任制的单个农户经营，家庭农场已初步扩大了生产规模。

(3)盈利性。家庭农场经营在扩大生产规模的基础上，能够获得相对分散经营更多的利益。

(4)企业化管理。家庭农场经营管理向着企业化方向发展，通过家庭成员集体决策，更具科学性。

梁丹的创业故事(二)——了解家庭农场

因为还有1年才毕业，梁丹利用课余时间，专门针对家庭农场，做了一番细致的调查。她主要从两方面入手：一方面，利用手机、电脑上网查询基本概念、业内动态、发展趋势，了解前人的经营模式；另一方面，课余时间和实习实践课程上，多去相关企业走访咨询，绝不放过一个有用的机会。

以家庭为单位，可以减少利益分歧，内部人际关系简单，比较适合刚踏入社会的大学生；家庭农场以农业为主，是自己熟悉的专业；但面积要求足够大，这是本人财力、物力、人力所达不到的，但可以先不认定，用20亩左右土地试一试，如果经营好了扩大规模后再认定，这也符合创业过程的基本规律，先小后大，稳扎稳打。

由此她坚定了创业的信心。但还只限于一个想法，要想真正做起来，还需要做进一步的调查和论证。

(三)家庭农场的发展现状

从20世纪80年代的家庭农场雏形，到今日完善的认定程序，其经历了30多年的发展历程。截至2012年年底，全国30个省、市(不含西藏)、区共有符合统计调查条件的家庭农场87.7万个，经营耕地面积达到1.76亿亩，占全国承包耕地面积的13.4%。在全部家庭农场中，从事种植业的有40.95万个，占46.7%；从事养殖业的有39.93万个，占45.5%；从事种养结合的有5.26万个，占6%；从事其他行业的有1.56万个，占1.8%。

2012 年全国家庭农场经营总收入为 1 620 亿元，平均每个家庭农场为 18.47 万元。在全部家庭农场中，已被有关部门认定或注册的共有 3.32 万个。

近年来，来宾市工商局贯彻落实中央一号文件精神，将扶持发展家庭农场作为支持三农发展的一项重要工作来抓。截至 2014 年，全市家庭农场 43 户，到工商部门咨询办理家庭农场事项的农户仍旧络绎不绝。

梁丹的创业故事(三)——了解家庭农场发展状况

梁丹家住来宾市，2015 年来宾市辖区人口 111.49 万人、30.62 万户，随着城市经济的发展，城镇化水平快速提高，全市居民受教育程度较高，新增高校 2 所。2015 年市辖区居民人均可支配收入达到 28 266 元，收入稳步增长。城镇居民人均消费性支出由 2010 年的 11 462 元增至 2015 年的 16 757 元，由此可见，城市居民生活条件不断提升，随着受教育程度的不断深入，人们的消费意识有所改变，从解决温饱上升到提高消费质量上。她准备将项目定在来宾郊区亲戚的龙眼山地上，这里距离市区 5 公里左右，将产品生产定位在安全绿色食品上，搞生态种植和养殖。

因考虑现在处于创业初期，所以她主要对来宾周边的家庭农场和市场进行走访调查。

梁丹认为：机遇稍纵即逝，自己现在需要做的就是找到好的项目，做好潜在市场分析，确定目标市场。

鉴于目前处于刚起步阶段，梁丹将市场放在种养基地上，选择网络销售模式(注册淘宝不需要花费太多)，利用微信朋友圈等平台扩大企业知名度，接受预定、上门送货等，节省租售店铺的资金。

(四)如何找准项目

1. 认识市场

市场有两种解释：一种指进行产品交换的场所，譬如农贸市场、商贩销售点、超市等。另外一种指需要你的产品或服务并愿意为此花钱的顾客，这时需要考虑清楚三点：①谁是你的市场？②你的市场有多大？③市场未来怎样？

衣食住行一直是老百姓关心和重视的主要生活内容，近年来暴露出的环境问题、消费品质量问题、食品安全问题已经让消费者谈虎色变，传统的农业生产经营模式固然是解决人们基本生活保障的问题，但高质量、高安全系数的农产品受欢迎度在逐年上升。

梁丹的创业故事(四)——项目选择

梁丹经过市场调查，了解到来宾市有大大小小几十家家庭农场，还不包括未认定的小规模非正规的家庭农场，另外还有很多搞农产品销售的农场，可谓不计其数，她将如何选择自己的项目呢？

2. 项目选择初步设想

家庭农场经历几十年的发展变化，各地出现了很多不同经营类型的家庭农场。从种养模式的角度来说有如下几种：

(1)大宗作物种植模式。一般是单个家庭农场大规模机械化种植 1～2 种粮食作物，主要有水稻、小麦、玉米、棉花等。由于其规模较大，作物单一，通常采用农业机械进行播种、施肥、收割等，与传统农户相比，生产效率相当高。目前，我国家庭农场多采用这种模式。

来宾市兴宾区大丰园茂谷柑种植家庭农场就属于此类，是来宾市农业局重点引进培育新、优、特品种果苗基地，占地面积广，规模宏大。

(2)“大棚蔬果＋采摘园”模式。这种模式是指在塑料大棚内种植蔬菜和水果，待蔬果成熟时可开放供顾客观光、采摘、品尝和直接购买的一种经营模式。通过塑料大棚可以较好地控制蔬果生长所需的阳光、温度和湿度等，从而帮助蔬果又好又快地生长，保证了农产品的高产量和优质率。

广西南宁市北郊的广西——东盟经济技术开发区高坡“家庭农场”就是一位汽车电子专业的“90 后”大学生兴建发展起来的结合种养发展乡村休闲观光旅游的成功案例，主要种植柑橘、草莓、龙眼、荔枝等瓜果品种及大棚蔬菜。

(3)养殖模式。养殖模式包括畜牧养殖和水产养殖，畜牧养殖多为农户集资建农场养殖鸡、鸭、猪、牛等，水产养殖多为大面积专业养殖鱼虾。建养猪场、养鸡场等属于非农建设。目前我国家庭农场的养殖主要是水产养殖。

来宾市兴宾区桥巩乡豪园家庭农场，主要从事淡水养殖，水塘面积达 30 多亩。

(4)农业特种种养模式。这种模式通过种植特种蔬菜、奇花异果，养殖特色水产、特色家禽等，突破季节、地域、规模的局限获得较高收益。

(5)循环农业模式。所谓循环农业模式，即将各种农作物废弃物进行充分发酵，形成有机肥料又返回到土地里，进行农业生产，是一种最正确的“环境节约型”模式。

来宾市兴宾区寺山乡山清水秀农牧家庭农场主要从事家禽、家畜饲养，水果种植，饲养鸡、鸭、羊、牛等 2 000 多只(头)，自然山泉水塘 10 余亩，果场种植面积达 80 多亩。

梁丹的创业故事(五)——初步选定创业项目

面对多种模式，梁丹结合亲戚家的龙眼林地，认为搞林下养殖，种养之间可以形成有效循环，既能节约成本，又能降低污染风险，符合现代农业发展趋势；林下养鸡有经验可以借鉴，能够降低投资风险，确定搞林下种养循环农业。

梁丹的创业地点距离市区 5 公里左右，处于城乡结合处，交通便利；附近供水供电充足，可以灵活规划。另外，很多上班族已经厌倦了都市的烦闷，希望体验乡村自然的美景，将来还有可能搞自助式休闲农场，有很大的目标群体。

由此，梁丹确定了项目内容：在市郊区龙眼果园林下养鸡。

家庭农场以农业收入为主，城市不适合进行农业生产，农业经营中需要考虑运输成本、水电供应成本、潜在客户群预期等。

（五）市场调查

市场调查的内容主要有两个：一是了解顾客的需求；二是了解竞争对手，做到知己知彼。

随着人们生活水平的提高和对粮食安全的意识增强，农产品只要质量好、无污染、有营养，就会得到人们的青睐和认可；随着粮食价格的不断攀升和国家对农业的扶持力度加大，农业利润逐年上涨，当然自身产品要特、鲜、奇。

在市场经济中，总会存在竞争，只有正视它，才能在竞争中占据优势。一般，做调查通常会从两方面入手：一方面，调查农场，研究竞争对手；另一方面，调查市场。

1. 调查农场，可从以下几方面着手：

(1)这些农场主要产出哪些产品？质量如何？效益怎样？

(2)这些农场的营销模式是怎么样的？

(3)这些农场的消费群体是哪些人？有自己的固定消费群体吗？

(4)这些农场的价格如何？

2. 调查市场，可从以下几方面着手：

(1)顾客想要购买什么样的农产品？为什么？

(2)顾客愿意以什么样的价格消费产品？

(3)顾客是否在寻找有特色的产品？

梁丹的创业故事(六)——市场调查与评估

根据上述几方面的调查和研究，梁丹总结出如附表1所示的信息。

附表1　市场调研一览

产品或服务	顾客	顾客的需要和喜好	竞争对手
活鸡	商超、批发商、学校酒店直供、分销商	味道鲜美、无激素等有害物质的残留	已经有人开发类似的产品，市场接受程度好，但远没有达到市场的需求
龙眼果	农产品市场、超市、自主采摘	核小肉多、甜脆、无污染、新鲜饱满、距离市区近	受市场和气候影响，种植户很多都改种其他果品

现在人们生活水平提高了，只要商品价值高、安全，贵一点也能接受，但必须保证商品的良好品质，所以养殖鸡采取“散养＋饲料喂养”的方式，药食同源，用中草药预防鸡病的发生，降低产品有害物质的残留风险；龙眼果易受天气影响且不易储存，市场效益不高，这也是其亲戚将龙眼果林低价出租的主要原因，而改种其他果品成本较高，对创业者来说不可行。但调查也显示，城市居民因社会压力大，近年来乐意到周边果园体验采摘乐趣，只要做好服务，价格还可比市场销售偏高，所以可以搞休闲采摘。在园区闲散场地还可自留或播种时令蔬菜，增加采摘乐趣，吸引顾客，同时也可拓宽活鸡和鸡蛋的销售市场。

但这只是一个初步的推测，还应继续做好营销计划和市场预测。

（六）制订市场营销计划

市场营销计划的制订主要通过组合市场营销的四要素来进行，四要素包括产品、价格、地点和促销。

1. 产品

产品就是顾客的需要，我们需要将前期的调查结论进行细化，来确定我们能够提供的产品或服务，包括它的一些性状特征。

梁丹的创业故事(七)——确定产品

梁丹确定了项目后，开始思考自己能生产出什么样的适合社会需求的产品。梁丹要做顺应社会发展需要的产品。为保证食品安全，成本会相对偏高，但商品价值也比一般商品高。通过市场调查，大多数市民愿意用偏高的价格购买质优的产品；梁丹才刚开始创业，不能接受赊购的要求，以免资金链断裂造成创业失败；价格做到透明化，要诚信为民，因此不接受折扣，为今后树立品牌形象打好基础。产品(或服务)一览如附表2所示。

附表2　产品(或服务)一览

项目	产品或服务产品种类	
	活鸡	龙眼果
包装/规格	活鸡定制包装箱	塑料袋/箱
新鲜度	到出栏时间后现捉现卖	现采现卖
质量/品质	毛亮色艳、无病健康	新鲜、颜色好、口感佳
安全性	饲料(无添加剂的粮食)＋林间种植红薯等喂养＋中草药防病，山间放养	生态种植、鸡粪回田、物理生物防治，避免药物残留

2. 价格

通过市场调查和在研究同行的价格之后，制定一个可能的价格范围。在制定价格的时候，必须考虑几个方面：

(1)同行给出的价格是多少？

(2)顾客愿意以什么样的价格消费产品？

(3)你的成本是多少？

(4)你是否愿意接受折扣和允许赊购？

梁丹的创业故事(八)——确定价格策略

梁丹的价格策略：通过市场调查和研究，土鸡3～3.5斤/只，23元/斤，成本价格在35～45元/只；龙眼前期零售价5元/斤。

定价原因：和市场上的土鸡价格差不多，首要问题是品牌，需要让顾客相信自己销售的是真正的土鸡，开始时就要按照土鸡价格来定价。前期主要由自己来打理农场，人工成本没有计算在内。

3. 地点

这里主要指选择销售的地点，其选择的结果好坏决定着消费者是否能够方便的购买到自己的产品，购买过程和购买手段的简单与否会影响到顾客对自己产品的选择与否。同一品质的产品，没有哪位顾客会舍近求远。

梁丹的创业故事（九）——选址

地点选择：生产基地即为销售地点；龙眼大部分上门批发销售，少量销往农贸市场；后期可开发旅游采摘项目。

理由：需要节约成本；网络时代可以创新，做网上预订销售；开发龙眼旅游采摘项目。

4. 促销

这里主要指具体的销售手段，如何让顾客了解并吸引他们购买自己的产品或服务。当然还要考虑到为其所付出的成本和有效性。

梁丹的创业故事（十）——促销

促销的方式：基地设置广告牌；去基地的路上设置小的广告标语和指示牌；车贴海报；网络宣传（微信、QQ、网络直播）；政府宣传；人脉宣传等。

销售方法：批发、零售（为主）。

（七）市场预测

企业的利润来源于未来企业产品的销售，顾客是市场的主体，没有顾客就没有销量也即没有利润，企业就要倒闭，这是连锁反应。所以在创业之初，就要通过市场调研，预测自己产品的数量、批次，要和市场需求相适应。

梁丹的创业故事（十一）——市场预测

梁丹所租种的山地基本情况：9 亩龙眼果林；8 亩山地养殖区；3 亩自由地。其 12 月份顶岗实习期即开始动工，前期利用 3 个月左右时间修建房屋等基础设施；通过市场调研后发现，在开张的头几个月活鸡没有销售量；因为租的是亲戚的龙眼林，本季不发生成本，适时采摘出售即可，7—8 月销售龙眼果；鸡苗每隔两个月买入一批，使其呈现生产梯度，每月成品鸡的销售额在 4 000～5 000 元；9 亩龙眼果在 7—8 月集中销售 50 000 元左右。

二、掌握家庭农场的利润分析

（一）预测家庭农场生产启动资金

首先，投资者要根据自己的投资及管理能力，确定总建设规模及建设档次；其次，确定投资来源及投资方式，特别是政府是否给予相关的投资扶持；再次，要按照功能区规划的内容进行投资估算；最后，在估算的基础上调整预算。

1. 项目基本情况

农场面积20亩，土地为租种，150元/（亩•年），5年一租。

主要建设内容包括：养鸡，占地8亩；种植龙眼果，占地9亩；3亩自由地，种一些蔬菜和经济作物，作为自销和鸡饲料；鸡舍150平方米和住房建筑30平方米以及其他附属工程；需要自引水和电。

项目投资规模及资金构成：上学时勤工俭学和做兼职，积攒了2万元，父母支持5万元，全部自筹。

2. 预测启动资金

启动资金分为投资（固定资产）、流动资金。

投资（固定资产）是指为企业购买的价值较高、使用寿命长的东西。

流动资金是指企业日常运转所需支出的资金。农场在开张后要运转一段时间才能有销售收入，需要足够的流动资金来支付一段时间的费用。这些费用包括鸡苗费、饲料费、人工费、促销活动费、租金等。

梁丹的创业故事（十二）——预测启动资金

梁丹通过咨询类似企业，分析鸡的生长规律，对自己创办的农场需要的启动资金进行了估算：鸡从买入鸡苗到成品鸡需要6个月左右（鸡的品种不同情况也不同，因为要养殖土鸡，所以时间稍长，要在肉质较好时出售）；龙眼果每年7—8月收获。所以其认为农场需要6个月后才能用销售收入来支付企业的费用支出。投资（固定资产）预算如附表3所示。

附表3　投资（固定资产）预算

项目			数量	费用/元
场地及环境设备		住房建筑、鸡舍	2间（住房、农具仓库）	20 000
		引水入园	—	6 500
		引电入园	—	3 000
生产工具设备	合用	电动农用三轮车	1辆	3 000
		电子秤	1台	80
		水泵	1台	600
	养鸡工具	料筒	10个	75
		饮水器	10个	80

续附表 3

项目			数量	费用/元
生产工具设备	养鸡工具	护栏(网)	600 平方米	900
		阉鸡工具	1 套	25
		注射器	1 个	40
	果园工具	修枝剪	1 套	100
		喷雾器	2 台	150
		农具(铲、锄)	1 套	100
备注:本着节约成本的原则,除草机等一些设备先不购买;沿用原有的排灌系统;自由地的平整也没有请工,自己做				
开办费	登记注册和营业执照费		—	50
	市场调查费、咨询费		—	—
投资总额			34 700	

梁丹的创业故事(十三)——预测流动资金

为了了解企业流动资金的运转情况,梁丹对 6 个月的流动资金进行了预算,并填入附表 4 中。

附表 4　6 个月流动资金预算

项目		元/月	前 6 个月成本/元
山地租金		—	15 000(5 年 1 次付清)
养鸡费用	鸡苗(6 个月后达到 1 500 只规模)	1 200(第一个月)	3 000
		1 000(第三个月)	
		800(第五个月)	
	饲料(视鸡养殖时期而定)	3 600 元(1~2 个月)	19 200
		6 600 元(3~4 个月)	
		9 000 元(5~6 个月)	
	疫苗费	—	150
	中药	25	150
龙眼果费用(成年果树)	农药	1 000 元/年	14 000
	肥料	27 000 元/年	
	果苗	—	
促销		100	600
人工费(修剪、采摘、除草、喂鸡等)		1 800	10 800
水费		20	120
电费		40	240
交通费		200	1 200

续附表 4

项目	元/月	前 6 个月成本/元
保险	—	—
维修费	—	—
其他费用	200	1 200
流动资金总额	65 660	

根据附表 3、附表 4 计算出所需启动资金的总额＝固定资产投资＋流动资金总额＝34 700＋65 660＝100 360 元。这一算，远远超出了梁丹的预期，自己只有 70 000 元的资金，还有 30 360 元的资金缺口，其和亲戚约定租金在一年内付清即可，另外龙眼果树在租种前已施过肥，并且想做到生态种养，所以暂时不用药物防治，除掉这一部分，基本上足够前期开张的费用了。她打算在成本核算和现金流量计划时再进一步完善。

（二）为家庭农场进行成本核算

家庭农场作为一类企业，也会存在成本，即用于生产和销售产品的所有支出。企业能否存活在于经营成本的控制能力，成本控制不好往往会让企业陷入资金链断裂等财务困境。成本核算是一种计算成本的方法，可以帮助企业制定合理的价格，尽可能降低经营的风险。

经营成本一般包括两类：直接成本（直接材料成本和直接人工成本之和）和间接成本（为了经营所需的其他成本）。

1. 龙眼果树生产成本核算

（1）9 亩龙眼果树的直接成本核算。

梁丹的创业故事（十四）——种植直接成本核算

梁丹考虑到自己的家庭农场属于种养结合类型，因此需要计算龙眼果树生产成本和养鸡成本。目前龙眼果树处于成熟期，一年收获一次，主要的直接成本有肥料、农药、修剪施肥的人工费用。

附表 5　龙眼果树总直接成本

项目	费用/元
肥料	27 000
农药	1 000
修剪施肥的人工	10 800
合计	38 800

(2)龙眼果树的间接成本核算。

梁丹的创业故事(十五)——种植间接成本核算

梁丹家庭农场的龙眼果树主要的间接成本有土地租金、管理人员工资、促销费、水电费、折旧费(固定资产都有一定的使用年限,所以需要折旧计入间接成本中)。固定资产折旧如附表6所示。龙眼果生产间接成本如附表7所示。

附表6 固定资产折旧

固定资产类型	使用期限/年	每年产生的折旧费/元	备注
住房建筑	20	1 000	其中住房建筑、引水引电入园、三轮车、电子秤和水泵是和养鸡生产共用的,所以以1/2的折旧费计入龙眼果生产间接成本中,养鸡生产也按此方法计算
引水入园	20	325	
引电入园	20	150	
电动农用三轮车	10	300	
电子秤	5	7.5	
水泵	10	60	
枝剪	5	20	
喷雾器	3	50	
农具(铲、锄)	10	10	
合计	—	1 922.5	

附表7 龙眼果生产间接成本

项目	费用/(元/年)
土地租金	1 500(和养鸡共用,已减半)
水电费	360(和养鸡共用,已减半)
交通费	1 200(和养鸡共用,已减半)
促销费	600
管理人员工资	—
折旧费	1 001.5
其他费用	1 200
合计	5 861.5

将上述总直接成本和间接成本相加得出一年龙眼果种植的总成本为44 661.5元。每年9亩龙眼果总产量为6 000千克,由此计算生产1千克龙眼的成本为44 661.5÷6 000=7.4元/千克,因为梁丹的果园都是按照生态种植的方式进行的,主要施用有机肥和生物农药,一部分还要增加人工,所以成本相对较高,这也是之前预料之中的。因为大学生创业有免税3年政策,所以暂时不把增值税计入成本。梁丹决定按成本加利润35%的办法制定销售价格。即产品单价=7.4×(1+35%)=10元/千克。

2. 养鸡生产成本核算

(1)养鸡的直接成本核算。

梁丹的创业故事(十六)——养殖直接成本核算

梁丹家庭农场的土鸡养殖 6 个月出栏,她以一批成品鸡(600 只)收获为例,计算其总的直接成本。养鸡总直接成本如附表 8 所示。固定资产折旧如附表 9 所示。

附表 8　养鸡总直接成本

项目	费用/元
鸡苗	1 200
饲料	3 600
疫苗	75
中药	50
人工	5 400
合计	10 325

附表 9　固定资产折旧

固定资产类型	使用期限/年	每年产生的折旧费/元	每月的折旧费/元	备注
住房建筑	20	1 000	83	其中住房建筑、引水引电入园、三轮车、电子秤和水泵是和养鸡生产共用的,所以以 1/2 的折旧费计入养鸡生产间接成本中
引水入园	20	325	27	
引电入园	20	150	12.5	
电动农用三轮车	10	300	25	
电子秤	5	7.5	0.6	
水泵	10	60	5	
料筒	5	15	1.25	
护栏(网)	5	180	15	
注射器	5	8	0.66	
合计	—	2 045.5	172	

(2)养鸡的间接成本核算。

梁丹的创业故事(十七)——养殖间接成本核算

梁丹家庭农场养鸡的主要间接成本有土地租金、管理人员工资、促销费、水电费、折旧费(固定资产都有一定的使用年限,所以需要折旧计入间接成本中),以 6 个月计。养鸡间接成本如附表 10 所示。

附表 10 养鸡间接成本

项目	费用(元/半年)
土地租金	750(和养鸡共用,已减半)
水电费	180(和养鸡共用,已减半)
交通费	600(和养鸡共用,已减半)
促销费	300
管理人员工资	—
折旧费	570
其他费用	600
合计	3 000

将上述总直接成本和间接成本相加得出一年龙眼果种植的总成本为 13 325 元。600 只成品鸡按每只 2 千克计算,总产量为 1 200 千克,由此计算生产 1 千克的成本为 13 325÷1 200=11.1 元/千克。因为刚开始只是她和男朋友共同创业,所以未将工资计入,如果按照月薪 2 000 元/人,计入养鸡成本中,则生产 1 千克的成本为 31.1 元/千克;另外大学生创业有免税 3 年政策,所以暂时不把增值税计入成本;又参考市场土鸡价格,梁丹决定按成本加利润 50%的办法制定销售价格。即产品单价=31.1×(1+50%)=46 元/千克。

(三)利润分析

在创办自己的企业时,需要注意我们创办的目的是要盈利,不要因为出现资金链断裂而导致创业失败。所以,在创办企业之前,要对利润进行预测。利润来自销售收入减去经营成本。销售与成本计划使我们既能看到销售收入也能看到成本,并对利润一目了然,知道企业是否盈利。

梁丹的创业故事(十八)——利润分析

梁丹在之前做过了市场调查,已经对销售额做了预测,但那只是粗略的计算,现在我们应该按照一定的步骤对上述的预测进行核实。

龙眼果在 7—8 月集中售完;鸡分三批饲养,6 个月成为成品鸡,并在半年内销售完。龙眼果、土鸡销售计划及收入预测如附表 11、附表 12 所示。龙眼果、土鸡成本计划与利润分析如附表 13、附表 14 所示。

附表 11　龙眼果销售计划及收入预测

项目	月份											
	1	2	3	4	5	6	7	8	9	10	11	12
销售数/千克							2 000	4 000				
产品单价/元							10	10				
销售收入/元							20 000	40 000				

附表 12　土鸡销售计划及收入预测

项目	月份											
	1	2	3	4	5	6	7	8	9	10	11	12
销售数/只							40	80	120	120	120	120
产品单价/元							92	92	92	92	92	92
销售收入/元							3 680	7 360	11 040	11 040	11 040	11 040

附表 13　龙眼果成本计划与利润分析

现金流		月份												合计
		1	2	3	4	5	6	7	8	9	10	11	12	
销售	税前销售收入/元							20 000	40 000					
	增值税							—	—					
	销售净收入/元							20 000	40 000					
成本	肥料/元	2 250	2 250	2 250	2 250	2 250	2 250	2 250	2 250	2 250	2 250	2 250	2 250	
	农药/元	83	83	83	83	83	83	83	83	83	83	83	83	
	人工/元	900	900	900	900	900	900	900	900	900	900	900	900	
	租金/元	125	125	125	125	125	125	125	125	125	125	125	125	
	促销活动/元	50	50	50	50	50	50	50	50	50	50	50	50	
	水电费/元	30	30	30	30	30	30	30	30	30	30	30	30	
	交通费/元	100	100	100	100	100	100	100	100	100	100	100	100	
	保险/元													
	维修费/元													
	折旧费/元	83.5	83.5	83.5	83.5	83.5	83.5	83.5	83.5	83.5	83.5	83.5	83.5	
	其他/元	100	100	100	100	100	100	100	100	100	100	100	100	
	总成本/元	3 721.5	3 721.5	3 721.5	3 721.5	3 721.5	3 721.5	3 721.5	3 721.5	3 721.5	3 721.5	3 721.5	3 721.5	
利润/元		−3 721.5	−3 721.5	−3 721.5	−3 721.5	−3 721.5	−3 721.5	16 278.5	36 278.5	−3 721.5	−3 721.5	−3 721.5	−3 721.5	15 342

附表 14　养鸡成本计划与利润分析

现金流		月份												合计
		1	2	3	4	5	6	7	8	9	10	11	12	
销售	税前销售收入							3 680	7 360	11 040	11 040	11 040	11 040	
	增值税							—	—	—	—	—	—	
	销售净收入							3 680	7 360	9 200	9 200	9 200	9 200	
成本	鸡苗	1 200		1 000		800								
	饲料	1 800	1 800	3 300	3 300	4 500	4 500	4 500	4 500	4 500	4 500	4 500	4 500	
	疫苗和中药	10.5	10.5	10.5	10.5	10.5	10.5	10.5	10.5	10.5	10.5	10.5	10.5	
	人工	900	900	900	900	900	900	900	900	900	900	900	900	
	租金	125	125	125	125	125	125	125	125	125	125	125	125	
	促销活动	50	50	50	50	50	50	50	50	50	50	50	50	
	水电费	30	30	30	30	30	30	30	30	30	30	30	30	
	交通费	100	100	100	100	100	100	100	100	100	100	100	100	
	保险													
	维修费													
	折旧费	95	95	95	95	95	95	95	95	95	95	95	95	
	其他	100	100	100	100	100	100	100	100	100	100	100	100	
	总成本	4 410.5	3 210.5	5 710.5	4 710.5	6 710.5	5 910.5	5 910.5	5 910.5	5 910.5	5 910.5	5 910.5	5 910.5	
利润		−4 410.5	−3 210.5	−5 710.5	−4 710.5	−6 710.5	−5 910.5	−2 230.5	1 449.5	5 129.5	5 129.5	5 129.5	5 129.5	−10 926

从上述两个销售计划表中，发现租种20亩山地进行龙眼林下养鸡项目，两者一年的纯利润为4 416元，也就是说一年后基本能够达到收支平衡，这是在保守估计销售量（备注：第一年前半年养鸡没有收入）和创业初市场尚未完全打开的基础之上得出的结论。梁丹通过对市场和竞争对手的调查发现，生态种养结合的模式基本上保持1年亏本、2年持平、3年盈利的发展规律。所以这样的计划基本符合创业初期的情况。

（四）创业现金流量计划

资金链断裂常常是缺乏管理经验的创业者所遭遇的，导致企业经营中途失败。制定现金流量计划让你清楚了解企业每个月会有多少现金流入和流出。它将帮助你及时了解现金的流量，使你能及时调整销售策略，加快资金周转速度，使你的企业在任何时候都不会面临现金短缺的威胁。

梁丹的创业故事(十九)——现金流量计划

现在梁丹手上持有7万元创业基金,为了更明确地知道以后每个月的现金流动情况,以便做出应对措施,我们需要拟定一个现金流量计划表。现金流量计划如附表15所示。

附表15　现金流量计划　　万元

项目		月份											
		1	2	3	4	5	6	7	8	9	10	11	12
现金流入	月初现金	70 000	29 846	25 592	12 088	6 334	−1 420	−15 124	1 604	35 260	39 346	43 432	47 518
	龙眼现金销售收入							20 000	40 000				
	土鸡现金销售收入							3 680	7 360	11 040	11 040	11 040	11 040
	销售总收入							23 680	47 360	11 040	11 040	11 040	11 040
	现金流入总额	70 000	29 846	25 592	12 088	6 334	−1 420	8 558	48 964	46 300	50 386	54 472	58 558
现金流出	肥料			6 750			6 750		6 750				6 750
	农药	83	83	83	83	83	83	83	83	83	83	83	83
	租金												15 000
	鸡苗	1 200		1 000		800							
	饲料	1 800	1 800	3 300	3 300	4 500	4 500	4 500	4 500	4 500	4 500	4 500	4 500
	疫苗和中药	10.5	10.5	10.5	10.5	10.5	10.5	10.5	10.5	10.5	10.5	10.5	10.5
	人工	1 800	1 800	1 800	1 800	1 800	1 800	1 800	1 800	1 800	1 800	1 800	1 800
	促销活动	100	100	100	100	100	100	100	100	100	100	100	100
	水电费	60	60	60	60	60	60	60	60	60	60	60	60
	交通费	200	200	200	200	200	200	200	200	200	200	200	200
	固定资产投入	34 650											
	其他	200	200	200	200	200	200	200	200	200	200	200	200
	开办费	50											
	现金流出总额	40 154	4 254	13 504	5 754	7 754	13 704	6 954	13 704	6 954	6 954	6 954	28 504
月底现金		29 846	25 592	12 088	6 334	−1 420	−15 124	1 604	35 260	39 346	43 432	47 518	30 054

计算得知,梁丹存在3万多元的资金缺口,极有可能在产品产出之前出现资金断裂,通过计算,我们在表格中看到,因为前期的房屋等固定资产的一次性投入和5年租金的一次性给付,在运营4个月后,因没有产品产出,此时有15 000元的资金缺口,这是在创业之初就已经考虑到的,所以,梁丹在开办之初就已经想到了一些解决办法:①依靠亲戚关系,延缓土地租金的缴纳;②一些固定资产可以在后期不断补入,只需将房屋建筑、鸡舍围栏设置好,达到基本的生产条件;③降低人工的利用,主要依靠自己的力量;④适当缩小规模,能够维持日常开支即可。到7—8月龙眼果上市,资金即可回笼,保证了资金的持续供给,维持家庭农场的收支平衡。

【练一练】

按照上述解决办法，将固定资产的投入分为两年完成，租金延缓分批缴纳，制订现金流量计划。

三、如何防范家庭农场的风险

（一）风险种类

1. 自然风险

农民每年获得的粮食收成往往同当年的自然灾害情况紧密相关。农民收入依赖于从自然界获取的劳动成果，但农业基本无法避免自然风险，只能通过避灾救灾减少影响。自然灾害的频发性、不确定性、广泛性及地域性等特性，使自然风险成为最难以控制的一种农业风险。

龙眼树作为果树也无法避免自然灾害，例如，广西龙眼的花芽分化期处于春季气温回升时期，温度的升高容易引发“冲梢”现象，如若冬季温度居高不下，高温使龙眼营养物质消耗过量，引起来年花芽分化不良，结果率下降。广西每年 7—8 月台风较多，雨水增加，造成龙眼落果、品质差。

2. 动植物疫病风险

动植物疫病的发生存在多种原因，类似于细菌传播及环境变化等因素都会影响动植物疫病发生。因动植物养殖及种植存在规模性及集中性，该种风险往往具有区域性的特点，一旦疫病发生传播速度及影响范围则难以控制。

众所周知的禽流感疫病，是一种流行于鸡群中的烈性疾病，其疫病病毒已经蔓延到人类自身，对社会经济发展造成的损失及危害难以估量。放养鸡虽然体质较笼养鸡健壮，但也只是死亡率低、普通病较少而已，对传染性疫病同样易感，重要传染病防疫的遗漏往往会导致功亏一篑。

3. 市场风险

市场风险不论工业、农业均要面对，但农业的市场风险更残酷，这是由农产品的一些特殊属性决定的。由于农产品多为鲜活农产品，所以保质期十分短暂，必须在收获时节的极短时间内出售，否则可能腐烂变质一文不值。即使那些保质期长的农产品与工业品的保质期相比，也是差距甚远。于是就形成了农产品常见的难卖问题，一到集中收获季节，往往量大价跌，供大于求，不仅效益下降，而且浪费惊人。

近几年禽流感每年都不同程度的暴发，引发人们的恐慌，进而造成禽类市场低迷、价格低，加之饲料价格逐年上涨，很多养殖户都赔了钱。

4. 制度风险

家庭农场面临的政策环境变化主要是由宏观政策的不稳定性、不确定性或政策的突然改变等原因引起的，如财政补助政策、耕地地力保护补贴、农机具购置补贴、农业经营主体贷款支持政策、农村土地流转市场建设政策、农业技术培训政策、农村人口落户城市政策等。基层政府对农业生产的干预也会对农业投资带来风险，政府任期目标、政绩评价、干部考核、定期换届等，都有可能导致政府决策行为的短期化，使得农业发展处于不利地位。因此不善经营、主要依赖项目实现利润的经营者，就会面对很大的风险。作为经营者，一方面加大宏观政策关注力度，结合形势变化进行预判，一方面优化自身运营和积累，不要将经营利润过多依赖于政策补助，就能提高家庭农场运营水平和抗风险的能力。

5. 社会风险

社会风险一般涉及两方面，社会化服务和土地流转。现阶段我国农业服务主要是政府公益性公共服务机构如农业服务中心、农技推广站等提供，目前还不能为家庭农场提供生产、销售、加工和信息等专业性集约化服务，这就要求家庭农场自身文化素质、管理水平和技术水平的提高。对多数的家庭农场而言，自有土地是少数，更多的土地靠流转，土地经营权的长期稳定是投资农业的首要前提。如果在土地流转过程中，流转手续不清晰、合同中的责任及保障方式不明确，就有可能产生纠纷。另外，随着经营的进行和调整，家庭农场选择扩大或缩小经营规模的成本可能会提高，因为家庭农场为了防止农民“敲竹杠”和“搭便车”的行为，一般会设置较高的土地流转违约赔偿金，以期获得稳定的经营土地。当经营不善时，其可通过与土地流出方谈判或以违约的方式实现调整经营规模的意愿，但交易成本可能成为阻碍。但大多数情况下，基层组织都会进行及时和有效化解，无需过于担心。（陈五湖，蒋乃华. 外部风险对粮食种植类家庭农场规模选择的影响研究[J]. 经济问题，2022(04)：85-92. DOI：10.16011/j. cnki. jjwt. 2022. 04. 014.）

（二）如何规避风险

1. 参与农业保险

采取农业技术措施参与农业保险是预防自然风险及动植物疫病风险的最优措施。虽然国家的政策性农业保险制度还在完善，但已经提供了基本的风险保障。各地方政策推出，有的也提供了农业保险政策，并积极提倡当地保险公司设计出适合家庭农场生产的保险产品。对于生产规模较大，生产种类较为集中的家庭农场，应适当根据当地政府对农业保险的政策来参保。此外，一些农业技术措施也可起到缓解作用，比如近年来苹果产区发展较快的防雹网建设，一次性投入较大，但防范冰雹的能力明显提升。在动植物疫病风险的防控上，主要是严格的技术管理和持之以恒的严密防控心态，一旦出现麻痹思想，往往付出惨痛代价。这两年讲的养殖企业“拼管理”，其实主要是技术管理，疫病损失越少，养殖效益才能越好。

2. 改善农业生产环境，合理预测市场需求

在家庭农场生产中，所处的环境也可能成为动植物疫病发展的源头，因此需要引起农户的高度重视。一方面，农户的家庭农场环境需要符合相关规定，并积极进行环境的改善；另一方面，在选择租赁土地时，应尽量避免可能受到工业化污染影响的地区。

减小市场风险，其一，要重视农产品市场分析，尽量保持生产规模稳定发展，避免陷入“丰收陷阱”；其二，要加强生产的组织化程度，通过行业协会、订单农业、合作社联合等方式，稳定市场，畅通产后通道，保障收益。

3. 科学选择产业，积极了解地方政策

面对制度风险，需要家庭农场的负责人重视地方产业政策的研究，摆正经营思想，科学选择产业，避免因一时投机取巧而付出沉痛代价。不过，正常的国家优惠政策是应该积极争取的，这是应得的国民待遇，不应拒之不理。

应对社会风险，农户需要多与地方政府询问沟通并积极了解家庭农场相关政策，通过对政策的详尽了解，并结合家庭农场自身发展目标，制定相应决策。在社会风险发生时，要注意乡村党政力量的沟通，力求矛盾发生时的公正评判。

四、成功创办家庭农场

（一）掌握创办家庭农场的关键技术

需要事先了解和掌握家庭农场创办和经营的法规和政策

1. 扶持政策

自 2013 年，中央一号文件首次提出鼓励和支持家庭农场的发展，距今已有 9 年。2021 年国家要求地方各级政府要将促进家庭农场发展列入重要议事日程，制定本地区家庭农场培育计划并部署实施。近些年国家有关家庭农场的政策主要有以下几点：

(1)废止农业税，进行农业补贴废止农业税条例

自 2006 年取消农业税后，全国农民每年减轻负担 1335 亿元。落实良种补贴、粮食直补，农机具补贴、对农业生产资料价格进行综合补贴、粮食风险基金，每年再逐步提高补贴的标准。但需注意，今后将对从事耕地建设如耕地变鱼塘的农户征收相应税款，以保证农业用地规范。

(2)粮食最低收购价制度

放开粮食市场的流通，国家实行最低收购价制度，这项政策分保障农民利益，同时增加了农民种粮积极性，有助于国家粮食安全。

(3)农地确权、宅基地确权，农地入市

2014 年国家要求五年内基本完成农村土地承包经营权确权登记颁证工作，增加了农民的财产权利，妥善解决农户承包地块面积不准、四至不清等问题。2022 年中央一号文件提出要稳慎推进农村宅基地制度改革试点，规范开展房地一体宅基地确权登记。稳妥有序推进农村集体经营性建设用地入市。推动开展集体经营性建设用地使用权抵押融资。开展农村产权流转交易市场规范化建设试点。

(4)养老新政

2014 年 2 月 7 日召开的国务常务会议，决定合并新型农村社会养老保险和城镇居民社会养老保险，建立全国统一的城乡居民基本养老保险制度，大力推行全国统一的社会保障卡，改进管理服务，做到方便利民。2021 年提出健全县乡村衔接的三级养老服务网络，推动村级养老服务设施建设，发展农村普惠型养老服务和互助性养老。今年又推出对养老托育服务业房租减免、税费减免、社会保险、金融、防疫等支持措施。

(5)降低农产品流通费用，提高流通效率

降低农产品生产流通环节用水电价格和运营费用，规范和降低农产品市场收费，强化零售商供应商交易监管，完善公路收费政策，加强重点行业价格和收费监管，加大价格监督检查和反垄断监管力度，完善财税政策，保障必要的流通行业用地，便利物流配送，

建立健全流通费用调查统计制度。

(6)把基础设施建设和社会事业发展的重点转向农村

把基础设施建设和社会事业发展的重点转向农村。近几年农村的水、电、路、沼气的发展以及教育、卫生、文化等事业的发展是历史上发展最快的阶段,进步非常明显。

(7)保障扶贫政策

2019年国家出台家庭农场培育计划的指导意见,提出完善登记和名录管理制度、强化示范创建引领和建立健全政策支持体系,包括依法保障家庭农场土地经营权、加强基础设施建设、健全面向家庭农场的社会化服务、健全家庭农场经营者培训制度、强化用地保障等。2020年,中国银保监会印发意见明确地要求全国各级监管金融机构一定要切实加强做好对中国家庭农场合作社适度和规模多元化经营方面的综合金融支持。

2. 农业补贴政策倾斜

2014年中央一号文件明确提出:新增加的农业补贴(财政、税收、用地、金融、保险)要向专业大户、家庭农场、农业合作社倾斜。

(1)财政直补:积极牵线搭桥,千方百计协调各金融机构和涉农保险公司,加大信贷投放,帮助家庭农场拓宽信贷渠道。

【资料拓展】

农行广西分行营业部认真贯彻落实农总行《关于做好金融支持家庭农场工作的通知》精神,高度重视家庭农场金融服务工作,力促家庭农场建设快速发展。据了解,支持家庭农场等新型农业经营主体是农行顺应现代农业发展趋势,巩固县域主流银行地位的重要举措,也是农行加快推进农户贷款业务经营转型的有效途径。农行广西分行营业部认真学习领会总行、区分行有关金融支持家庭农场等新型农业经营主体的要求,细分当地重点发展产业、优势产业,制定适合本行实际的家庭农场专项金融服务方案,推动农户贷款业务向中高端客户转型。一方面,该部精心选择支持客户对象,及时与当地工商管理部门联系,大力支持经营规模靠前、经营效益好、社会影响力大的家庭农场发展经济;另一方面,该部建立家庭农场贷款监测机制,对家庭农场(专业大户)贷款实行台账管理,落实专人负责家庭农场(专业大户)业务监测工作,强化家庭农场贷款风险管理,确保贷款风险可控。同时搞好金融服务工作,落实工作目标、工作措施,加强奖惩考核,推动农户贷款业务向中高端市场转型,向集约化经营转型,向商业可持续转型。

(2)税收减免:创新担保方式,优惠贷款利率,成立小额贷款担保公司,建立农村资金互助合作,扶持家庭农场主创业。

(3)保险支撑:积极为家庭农场拓展保险品种,提高保险赔付标准,最大限度降低家庭农场经营风险。

(4)用地扶持:积极探索家庭农场用地入股和抵押,农村不动产或农产品抵押贷款等路径。

【资料拓展】

1. 中央一号文件提出大力发展家庭农场以来，玉林市工商局发挥职能作用，采取三项帮扶政策助推家庭农场发展。

注册登记实行三放宽。放宽名称登记条件，具备一定土地经营规模的家庭农场申请市场主体资格登记，名称中可以标注“家庭农场”字样；放宽场地证明，家庭农场可以将所在地村民委员会出具的、证明其拥有合法使用权的场所登记为其住所；放宽经营范围，家庭农场经营范围以谷物、蔬菜、水果、园艺作物或其他农作物种植以及水产养殖为主要经营项目，可以种养结合或兼营相应的农场休闲观光服务。

开辟绿色通道，缩短办理时限。对家庭农场的申请全程指导，优先办理，对符合受理条件的，名称预先核准应当场办结，申办个体工商户的应在2个工作日内办结，申办企业、公司的应在3个工作日内办结，而之前的办理时限均为5个工作日。

实行“结对帮扶”制度。深入家庭农场了解情况，积极帮助家庭农场主解决生产和经营中遇到的实际问题，开展“红盾护农”“合同助农”“商标富农”“维权帮农”“经纪活农”等活动，提倡绿色生产、守法经营、创品牌、重信用，为家庭农场发展壮大出谋划策。

2. 农业银行出台了支持家庭农场发展的专项政策，将家庭农场作为“三农”业务重点支持对象。

为支持农业集约化经营和规模化发展，扩大对家庭农场等新型农业经营主体的服务范围，农业银行将加快推进农户贷款业务经营转型，创新抵质押担保方式，扩大抵质押担保物范围，重点围绕家庭农场做好全流程金融服务。

针对家庭农场生产经营特点，农业银行在前期支持家庭农场工作的基础上，把农户贷款与结算、理财、咨询等金融服务紧密结合，开展金融服务创新，设计专属金融服务方案。

对种植业客户，农业银行大力支持土地整治和土地流转，稳步开展农村土地承包经营权抵押贷款业务；支持播种机、收割机等大型农机具购置，发展“经销商保证＋本机抵押”组合担保方式，探索小微水利、固定大棚等地上附属设施有效抵押担保方式；支持农产品收购、储运、分销、加工等环节，探索引入电子商务平台，做好农产品网络直销服务。

对养殖业客户，农业银行将加大对有窗式畜牧养殖、网箱式水产养殖等新型养殖设施建造的支持力度，探索开展交易资金托管业务；支持客户灵活用款，对养殖周期较短项目，允许家庭农场客户采取可循环贷款方式；支持订单养殖，推荐、引导家庭农场客户与加工企业客户对接。此外，农业银行积极为家庭农场安装智能支付终端或POS机，派专人指导协助其办理网上银行、手机银行等支付业务。

为支持家庭农场更好发展，提高农户抗风险能力，农业银行明确，对纳入全流程金融服务的家庭农场客户实行名单制(台账)管理。同时，农业银行将建立多渠道风险补偿机制，积极协调地方政府建立融资性担保公司、风险补偿基金，探索风险共担模式，引导支持家庭农场主参加农业保险和相关财产保险。对信贷资金将封闭运行，防止被挤占挪用。

(二)掌握申请的法定程序

1.需准备书面材料

(1)专业农场申报人身份证明原件及复印件；

(2)专业农场认定申请及审批意见表；

(3)土地承包合同或经鉴证后的土地流转合同及公示材料(土地流转以双方自愿为原则，并依法签订土地流转合同)；

(4)专业农场成员要有出资清单；

(5)有符合创办专业农场发展的规划或章程；

(6)其他需要出具的证明材料。

2.家庭农场申请流程

先到村委会、乡(镇)政府对申报材料进行初审，初审合格后报县农业农村局复审。复审通过后，由县农业农村局开具推荐信并推荐到县市场监督局(所在地乡镇监督所))注册登记(依照自愿原则，家庭农场可自主决定办理工商注册登记，以取得相应市场主体资格)。注册成功后将材料返回县农业农村局登记录入系统。具体申报以当地农业农村局、市场监督管理局要求为准。

【资料拓展】

1.家庭农场注册登记流程(广西桂平市农业农村局)。

依法申请登记的家庭农场应符合以下条件：

(1)家庭农场经营者应具有农村户籍。

(2)以家庭成员为主要劳动力。

(3)以农业收入为家庭收入主要来源。

(4)经营规模相对稳定，土地相对集中连片。

种植业家庭农场：土地租期或承包期应在5年以上，土地经营规模30亩以上，设施农业15亩以上。林业类家庭农场：经营面积在100亩以上，林地租期10年以上。

养殖业家庭农场：猪、牛、羊年出栏在100头以上，家禽年出栏5 000只以上、蛋禽存栏5 000只以上，奶牛存栏50头以上，龟鳖等名优品种养殖面积在5亩以上，网箱养殖面积在500平方米以上，池塘养殖面积在50亩以上。种养结合的综合性家庭农场的各项标准达上述标准的50%以上。

2. 注册营业执照。

到桂平市工商行政管理局(市场监督管理局)办理,所需材料如下:

(1)主营人身份证、户口本(包括原件及复印件)。

(2)土地承包或租赁合同等经营土地规模的证明材料。

(3)名称核准等其他材料在窗口办理。

家庭农场注册登记免收注册登记费、验照年检费和工本费。

3. 家庭农场公章:到桂平市行政中心公安局窗口办理。

4. 组织机构代码证:到桂平市行政中心技监局窗口办理

5. 税务登记证:到桂平市行政中心税务部门窗口办理。

6. 办理银行开户和账号:法人代表持工商营业执照、法人代表身份证和准备开户所在银行(信用社)申请书等进行办理。

(三)如何经营

1. 为什么经营

经营农场是为了赶时髦回归自然以锻炼并陶冶身心为主,还是为了投资经济项目以获得预期经济收入为主,或者是兼而有之?目的不同,自然运作方式和过程也不同。如果仅仅是觉得好玩一时头脑发热,最好等冷静下来后再考量这个问题,因为即便是觉得好玩的事情,要做好都不是一件容易的事情,不仅要有信心、意志,还需要知识、策略及持之以恒的吃苦耐劳精神。

2. 定位及模式选择

如果定位和模式选对了,就会规避投资风险和获得良好收益;否则就得不偿失。

就目前而言,单纯种植粮食,这类项目对于一般的城市人而言,由于缺乏技术支持,进入其中可能会面临不小的困境。如何避免在激烈竞争中缠斗?行业分析人士认为特色农场及带有文化色彩的家庭农场将会有更多的发展机会,在未来5年内,一定会出现有特色的农场连锁品牌。另外,建议经营者在选择项目时多关注政策的变化,尽量选择受政策扶持的项目,这样容易得到更多的资金和技术方面的支持。

确定定位和模式,需要考量土地所在地域的土壤及气候条件、空间位置、劳动力成本、农业技术及配套条件、投资者意愿、政府补贴及保障政策等因素。对不同投资者而言,要在充分考量上述因素的前提下,再确定选择以下哪种模式:

(1)以农粮作物为主的现代规模化种植业家庭农场;

(2)多种内容和形式各有侧重的郊区休闲观光型家庭农场;

(3)以养殖业为主的家庭农场;

(4)以水产业为主的家庭农场。

以上不同类型的家庭农场,都有不同的侧重点和策略。需要根据投资者需求进行专业化研究。

3. 规划和设计

现在绝大多数中国式的家庭农场,都是投资者想起一出是一出,边干边想,边想边干，结果越陷越深而且严重跑偏，最后做了夹生饭，又很难纠偏。其主要原因是从定位到规划、设计、建设各个环节出了问题。家庭农场的规划设计有五大要素：综合定位、功能区划、基础设施布局、消费环境及配套建设和田间建设管护。

4. 投资策略及投资预算

首先，投资者要根据自己的投资及管理能力，确定总建设规模及建设档次；其次，确定投资来源及投资方式，特别是政府是否给予相关的投资扶持（原则上基础设施政府会给予较大的免费投资，周转资金会给予贴息投资，这主要取决于项目的专业化规划设计及商业方案。），再次，要按照功能区划范围的内容进行投资估算，最后，在估算的基础上调整预算。

5. 其他方面

一是要注重项目策划及规划运筹；二是要注重获得政府支持；三是要突出项目重点，不可面面俱到；四是不要忽视投资预算控制，因为不可预见性因素很多；五是不要忽视气候和季节因素，美国多数农庄每年的有效经营期都是半年；六是要广开视野，寻找可靠的专业机构提供服务。

（四）掌握家庭农场的营销技术

1. 家庭农场经营策略

如果资金不够雄厚，就做小而美的农场；如果自认资金雄厚那就尝试大而全的模式。

（1）树立"农游合一、销售绿色"的经营理念。

增强参与性和知识趣味性以吸引更多的顾客。比如，亲手收获绿色农产品，亲自喂养活泼可爱的小动物，亲自垂钓、现场做菜等，挖掘特色，打造精品，增强参与性和知识趣味性，增加农场旅游的吸引力。同时，要注重"销售绿色"。

（2）在农场营造生态、文化环境，让顾客能参与其中，体验内容。

生态体验和文化体验紧密结合，以满足顾客远离原生态的自然环境后产生的越来越渴望亲近自然的诉求。

（3）全员培训，农场文化理念传播。

针对实际情况，加强对从业人员的培训，以规范的服务来引导和促进农场休闲体验活动的开展；充分挖掘和总结地方风土人情及农场的风俗文化，并加强对农场从业人员的培训，使农场活动与农场的民俗风情和乡土文化实现有机结合，提高农场的文化品位和服务档次。

（4）搞好配套设施建设，营造良好休闲体验大环境。

从交通入手，提高农庄的通达性，给出周末和节假日到农场的交通线路，并将农场周边的景区及特色农场进行标注介绍，为顾客出游提供方便；从服务条件入手，创建舒适、亲切、自然的服务环境；从整体入手，加强治安和卫生管理，提高从业人员的综合素质，营造山美、水美、人更美的农场旅游大环境。

2. 营销策略

（1）重视口碑营销。

农场经营者运用微博、微信、网站等各种社交平台，激发顾客对农场产品的品质服务及农场形象的谈论和交流，并激励顾客自发地向其周边人群介绍和推荐。

口碑营销从员工做起。为使员工向游客提供满意的服务，农场首先需要把员工当作自己的顾客，搞好内部营销，使员工掌握必要的服务知识与技能；要对员工进行口碑传播培训，使之掌握相应的知识和技巧；注重收集易于口碑传播的基础信息资料，整理成册并不断更新，通过社交媒体向外推广传播，并使员工能够积极利用信息主动传播。

(2)选择适当的体验营销策略。

农场以服务为重心，以产品为素材，在营销推广的过程中，塑造感官体验以及思维认同，以此吸引消费者的消费行为。

(3)发展多种营销渠道。

在不放弃传统营销方式的基础上，积极拓展网络分销渠道。

农场针对顾客喜好，调整现有产品形态，利用社交媒体的特性，通过互动低成本打造品牌，提高知名度。

(4)提供高品质、有特色的产品，并进行产品整合营销。

(5)重视农场形象宣传，形成特色，建立完备的农场产品服务体系。

农场根据自身的自然和人文条件，设计农场风格，开设活动项目，从环境的布置，到人员的语言服饰，均突出农场的形象，或古朴，或现代，从而凸显农场的主题形象，形成独特的品牌特征，加强影响力。

同时，建立起完善的服务体系，用服务维护形象。如通过设置专职农场讲解员，和顾客一对一讲解农业知识，让顾客了解农场，对顾客售后服务满意程度进行跟踪调查，获取顾客对农场体验性活动、产品的要求和意见，针对不同年龄、不同层次的顾客建立一个完备的资料库，以便今后在进行市场营销及开发新的体验产品时避免主观性和盲目性。

(6)家庭农场需营造良好家庭农场文化。

要充分挖掘当地文化，将文化融合灌输到具体项目中，项目的规划与农村教育相结合，增加农场休闲体验的科技含量和知识含量；与厚重独特的乡土文化相结合；与差异化的地脉和人脉相结合。

3. 营销策略组合

(1)产品策略。

产品的整体概念。

核心产品：基本效用或利益；

形式产品：包装、商标、特色、式样、品质；

期望产品：对属性和条件的期望；

延伸产品：销售服务与保障；

潜在产品：指示可能的发展前景。

消费者对农产品有哪些方面的追求？安全、口味、形象、健康、品牌、方便等。

营销需要联合：怎么种出来的？你能送过来吗？我能来摘吗？

(2)渠道策略。

营销渠道：某种产品和服务在从生产者向消费者转移过程中，取得这种产品和服务的所有权或帮助所有权转移的所有组织和个人。

用什么样的通路为你的顾客提供你的产品或服务。农产品销售形式主要有以下几种:直销、代理销售、经纪人、农超对接、网络销售、农业合作社等。

(3)价格策略。

农产品定价的方法:成本导向定价法、需求导向定价法、竞争导向定价法。

影响农产品定价的因素:定位、成本、利润、竞争、渠道商的利益等。

农产品的定价策略:折扣定价策略、地区定价策略、心理定价策略、差别定价策略、新产品定价策略、产品组合定价策略、季节性定价策略。

农产品的价格策略应尽可能灵活和以薄利多销为主。

(4)促销策略。

农产品的促销手段:试吃、观光休闲、采摘节、分级销售、参加展销会、农博会、产品评比、创业故事宣传、文化宣传和公关营销等。

(5)体验营销策略。

创新农产品的生产和包装、与休闲农业观光旅游的发展相结合、科学设计农产品在零售终端的产品陈列、通过促销为消费者创造知觉体验、通过文化宣传为消费者创造感觉体验。

(6)精准营销策略。

定位精准,客户选择精准,产品精准,传播与服务精准。

(7)新媒体的网络营销。

借助网站、微博、微信、论坛等平台。

(8)品牌营销策略。

生产企业、农场品牌策略,产品品牌策略,销售品牌策略和区域性品牌策略。

(五)掌握成功实现家庭农场创业应注意的问题

1. 存在问题

(1)组织松散、经营管理水平不高。

受传统小农经济的影响,我国各地家庭农场普遍存在着组织松散、经营管理不善的缺陷。不少农户对家庭农场的概念不清,家庭农场主缺乏相应的科学技术,文化素质低,对家庭农场缺乏科学管理。

(2)融资困难。

尽管现在农村金融体系发展较快,但由于农业投资周期较长,资金周转慢,农业生产自然风险大,加之融资渠道不畅通,家庭农场在扩大规模、更新机器设备、聘请农业专家等方面融资困难。资金短缺问题已严重阻碍家庭农场向前发展。

(3)土地流转不规范,土地产权不明晰。

家庭承包经营土地制度使一些地区出现农业用地闲置和浪费,对土地产权认知模糊不清,致使大多数农民并不愿意出租土地;加之在土地流转过程中,不少企业以土地兼并的方式损害了部分农民的利益。土地流转与产权问题使得家庭农场难以获得稳定、足够的土地进行规模经营。

2. 成因分析

(1)有知识、懂技术、会经营的新型家庭农场主的短缺。

工业化、城镇化的推进使我国农村大量青壮年劳动力外出就业,农村适用人才和新型农民大量短缺,留守老人、妇女和孩子的决策能力、信息采集能力、管理能力明显不足,有知识、懂技术、会经营的新型家庭农场经营主体短缺,致使家庭农场经营管理水平低。

(2)社会各阶层支持力度不够。

发展家庭农场必须要有足够的资金支持、政策支持。作为新兴事物,我国家庭农场的发展主要依靠政府的资金扶持和政策保护。企业、民间组织、个人等资金支持力度并不高,导致家庭农场资金来源渠道单一,融资困难。

(3)土地流转方面政策、立法不完善。

部分地区随意调整承包地致使土地承包关系长久不变的政策未能落到实处;国家关于土地流转方面的政策、立法不够完善,使得不少企业通过打擦边球的方式,损害农民的土地权益。如何有效解决土地流转问题是我国未来大力发展家庭农场面临的巨大挑战。

(4)农业社会化服务体系建设不完善。

完善的农业社会化服务体系,是发展家庭农场必需的环境条件。我国传统的农业社会化服务体系以提供农业技术推广等公共服务为主,经营管理的综合服务来源单一,效率低下,不能满足当前家庭农场发展的需要。

3. 解决方法

(1)要找准特色定位,针对当地的农业资源,选择最适合自己发展的种植业或者畜牧业,不能拍拍脑袋一哄而上,政府也应做好相应的服务工作,帮助农民找准定位。

(2)管理者要找“内行”。无论是家庭成员,还是请人帮工,“家庭农场”都要让专业的人来做事,没有好帮手,一个对农业一窍不通的人是不可能搞好农场的。

(3)要熟悉市场运作,事先就要搭建好销售渠道,避免“菜贱伤农”的情况发生。

(4)要舍得投入基础设施,事先心中要有谋划,对于水利、电力、沟渠等设施要有规划,最好做一份计划书,不能“走到哪里黑,就在哪里歇”。

(5)要充分利用好农业政策。2013 年中央一号文件指出,要增加农业补贴资金规模,新增补贴要向主产区和优势产区集中,向专业大户、家庭农场、农民合作社等新型生产经营主体倾斜。这值得农户关注。

项目二　香蕉种植企业创办分析

一、种植企业基本情况

广西南宁昇华农业科技有限公司是由广西农业职业技术学院 1999 级毕业生葛旭(附图 1)创办的。昇华公司主体前身为南宁力天农业开发有限公司,始于 2005 年,业务遍及广西、云南等地区及东南亚各国。昇华公司集规模化基地生产,农资生产、推广、销售及技术服务于一体，致力于国内外农业新科技的转化及应用的研究，为种植户提供全程的营养解决方案。截至 2022 年，拥有自营香蕉农场 4 500 亩，青柚基地 2 000 亩，累计设计安装滴灌工程超过 10 万亩，“力天富农”系列作物营养服务的种植户面积超过 20 万亩。附图 2 为葛旭参加中老合作农作物优良品种试验站丰收节。

广西南宁昇华农业科技有限公司有三大业务板块。

(1)规模化热带水果基地生产；

(2)农资生产推广销售；

(3) 滴灌水肥一体化系统工程设计安装。

附图 1　广西南宁昇华农业科技有限公司总经理、创业校友葛旭

附图 2　葛旭参加中老合作农作物优良品种试验站丰收节

二、香蕉投入与盈利情况

种 1 亩香蕉的平均成本和利润。

(一)成本核算

(1)香蕉种苗:均摊到每年约 50 元(按 5 年分摊)。

(2)机耕、道路、场房、电力系统:均摊到每年约 300 元(按 5 年分摊)。

(3)水肥一体化等基础设施费:均摊到每年约 200 元(按 5 年分摊)。

(4)农资肥:"有机肥+化肥+农药"约 1 500 元/(亩•年)。

(5)人工费约:2 600 元/(亩•年)。

(6)地租:800 元/(亩•年)。

(7)套袋材料及绑绳:200 元/(亩•年)。

(8)电费及农用油料:150 元/(亩•年)。

合计:5 800 元/(亩•年)。

(二)收益核算

1 亩香蕉每年的产量约 3 000 千克,按照地头收购价格 3 元/千克计算,1 亩地可以销售 9 000 元左右。

(三)纯利润

除去成本之后,每亩地的净利润约 3 200 元。

香蕉种植需要一定的技术,面对各种材料上涨现状,控制和降低投入成本,提高管理水平非常重要,同时香蕉的销路要靠种植者自己找。

三、小结与分析

"蕉哥"葛旭,是广西香蕉产业的领军人物,区内滴灌系统和水溶肥产业的开拓者,一个连续三年企业营收实现 5 倍以上增长的企业家。据葛旭介绍,做香蕉产业 23 年来,香蕉市场起起伏伏,大浪淘沙,能够坚持下来,在激烈的水果市场竞争中存活下来实属不易。究其成功原因主要有以下三点。

(一)掌握核心技术是创业成功的基础

1999 年葛旭从广西农业职业技术学院生物技术系农经推广专业毕业,第二年进入广西农科院工作,主要负责香蕉种苗销售,一做就是 5 年。因为长期外派云南,他与那里结下了不解情缘。那个山水秀美的地方,也给他带来了开创事业的机会,2005 年葛旭把事业的起点选在西双版纳。因为对香蕉种苗行业的精通与把握,第一次试水就为他带来了近 60 万元的利润,而且仅仅用了 3 个月的时间。后来他发现,种植业必须要有好的农资产品作为支撑,满眼的香蕉基地,让他萌生了在农资上大赚一把的想法。于是他主推国内一著名厂家的硫酸钾镁肥,一年的时间,就销售了 2 000 多吨,占据了厂家在云南销售额的 2/3。2007 年,葛旭回到南宁,注册了南宁力天农业开发有限公司,围绕香蕉经营农药化肥及种植园灌溉设备,并亲手创建了三个香蕉农场。

葛旭认为种植香蕉最难的就是栽培技术，气候条件、种植水平、农场管理，只有懂作物，才能更好种植香蕉。做规模化种植至少600亩起，前期投入近400万元，如果遇到自然灾害或香蕉病害，就有可能赔得精光。这些年来，他凭借扎实的香蕉种植技术实力，立于香蕉种植业不败之地。特别是他在南宁的第一年，种植香蕉就获益近500万元，使他在农户中享有名气。

（二）超前的经营理念是成功的保障

在经营思路上，葛旭有着自己的想法，“我本身就是一个种植者，所以我更懂农户需要什么。我受德系制造影响非常大，所以我的理念是专注于技术，实实在在做事情，做到极致别人很难模仿，并且每时每刻都在更新”。

在南宁，他是最早安装滴灌设备的种植者之一，那个时候他就看到了人力成本、电力成本所带来的压力，只有把成本最小化，利润才会最大化。见到滴灌设备在南宁的广泛运用，他整合以色列、美国等世界知名设备制造商的资源顺理成章地成为国外滴灌设备的代理商，不但提升了自己公司的技术力量，还在滴灌水肥一体化系统业务板块上继续挖掘属于自己的财富。

（三）品牌为成功保驾护航

昇华公司已经注册了多个商标，如“力天”“蕉哥”“力天富农”“SUBLITECH”（附图3），“蕉哥”品牌香蕉正在积极运作阶段。他未来的想法是，通过合作社做大广西的香蕉品牌，成为优质香蕉品牌的供应商。

蕉哥凭借自己的技术实力和超前的经营理念，在南宁每一年收益近500万元。目前，公司拥有核心技术的“力天富农”系列农资产品服务的种植户遍及广西、云南、海南等地及老挝、柬埔寨、越南等国家，面积超过20万亩，10年累计为农户设计安装水肥一体化滴灌项目超过10万亩，尽全力带动农民致富，服务乡村振兴。

附图3　广西南宁昇华农业科技有限公司注册的部分商标

项目三　南宁市某之星宠物店创办分析

一、宠物店基本情况

南宁市某之星宠物店由广西农业职业技术学院动物科学技术系动物医学专业2013级学生小赖于2015年6月创办。该店位于南宁市西乡塘区相思湖东路骋望骊都小区，一楼占地面积55平方米，因为房子高度较高，装修时隔成上下两层楼，使用面积达到了

110 平方米。某之星创业初期店里只有 2 名员工，另加一位兼职人员。目前店里有全职员工 4 人，兼职人员 2 人，其中美容师 2 人，美容助理 2 人。

某之星老板敢想敢干，创业之初便确立了奋斗的目标，“做南宁乃至广西最成功的宠物店”。该店以活体销售为主线，带动整个店面的美容洗护、用品销售等项目。如今，经过三年的努力，某之星宠物店已发展为一家集宠物美容、宠物寄养、宠物商品销售、活体销售和宠物驯导等为一体的综合性大型宠物连锁公司，旗下已有六家加盟分店。成功走出了某之星独特的经营路子，可以说是非常成功的典型案例。

二、投入与盈利情况

（一）资金投入

某之星宠物店创业之初，资金投入约 15 万元。

(1)房租：某之星宠物店一楼和二楼隔楼的面积共 110 平方米，铺面属于新房出租，没有转让费，房租不算高，租金 0.4 万元/月。押金加上半年房租共投入 3.5 万元。

(2)装修：资金投入约 6 万元。

(3)设备设施投入：包括浴缸、热水器、吹水机、吹风机、狗笼、美容桌、美容工具、空调和电脑等，资金投入约 2.5 万元。

(4)进货：1.5 万元。

(5)宣传费用和其他：0.5 万元。

(6)周转备用金：包括员工工资等，1 万元。

（二）每月支出

(1)工资支出：目前店里美容师 2 人，美容助理 2 人，兼职人员 2 人，共 6 人。美容师工资平均 4 500 元/月，美容助理平均 3 000 元/月，兼职人员 1 000 元/月。工资支出 1.7 万元/月。

(2)房租、水电和物业费：6 200～6 600 元/月。

(3)用品消耗：如美容洗护用品等，1 000～1 500 元。

(4)销售货品进货费用：每月货品进货费用由销售量来决定，该店每月货品销售额 6 万～7 万元，利润 30%～40%，每月进货量在 3.5 万～4.2 万元。

(5)人员培训支出：平均每月控制在 2 000 元以内。

(6)设备折旧费用：每月按 500 元计。

(7)其他：每月约 2 000 元。

以上各项支出中，员工工资和房租水电成本为每月固定成本，其他各项如人员培训、设备折旧等为粗略估算成本。除进货费用外，其他各项支出约为 3 万元/月。货品销售方面，根据该店平均销售额，每月进货量为 3.5 万～4.2 万元。

（三）营业额与盈利

1. 收入

宠物店的营业额有淡季和旺季之分，每个月的收入有较大的差距，特别是寄养和美容这方面，节假日寄养一般会达到满载量，因此收入也只能是粗略估算。以下是按全年月平均数来估算：

(1)美容洗护收入：每月营业额 2 万～3 万元。

(2)寄养收入：每月营业额 0.8 万～1 万元。

(3)货品收入：某之星宠物用品销售收入平均达 2 000～2 500 元/天，此项目每月营业额在 6 万～7 万元/月。

(4)活体销售：活体销售是某之星的主营项目，除了零售，还做活体批发，平均每月销售量为 15 万～18 万元。活体销售平均利润为 3 万～3.5 万/月。

2. 盈利

盈利等于收入减去支出。据老板介绍，目前某之星宠物店总店的营业额仅美容洗护、货品销售和寄养就能达到 9 万～10 万元/月，这三个项目的利润基本维持在 3 万～4 万元/月。宠物活体销售的利润变动范围比较大，活体这块平均利润在 3 万～3.5 万/月。因此某之星宠物店仅总店平均利润可达到 6 万～7.5 万元/月的范围。

三、小结与分析

据老板介绍，某之星宠物店开业第一个月即有盈利，开业至今一直都是盈利的，8～10 个月基本上能收回投资成本。目前，某之星已有 6 家加盟的宠物连锁店，并且通过合作的形式有了自主品牌的宠粮。某之星宠物店开业至今虽只有 3 年的时间，但发展非常快速，可以称得上是“90 后”成功创业的典范。此家宠物店之所以如此成功，究其原因主要有如下几点。

(一)人脉资源是某之星宠物店成功的基础

某之星老板小赖在学校学的虽然是动物医学专业，但入校后非常喜欢宠物，兴趣是先导，他从大一就开始走访市场，介入宠物行业，刚开始是在犬舍兼职，主要做宠物活体销售。小赖在兼职的过程中，能吃苦，又肯干，很快便得到了老板的赏识，宠物活体销售生意做得蒸蒸日上。在活体销售的过程中，小赖了解了大量的市场信息，掌握了一定的客户资源。当时该犬舍主营的项目是宠物繁殖，没有宠物洗护美容和用品销售等项目。小赖便瞅准了时机，水到渠成地开起了宠物店。

某之星老板小赖的创业之路与一般宠物店老板的创业之路有所不同，许多宠物店都是先开店再去发展客户，而某之星是先有了一定的客户源再去开店，因此就算是开业之初也不用太担心客户源的问题。正是小赖这种较强的市场洞察力，开店前就有了大量的人脉资源做基础，使某之星宠物店开业后便有了大量的客户群，迅速实现盈利。

(二)创业者有较强的创新创业意识

某之星宠物店老板小赖是靠做宠物活体销售起家的，但他不仅仅局限于做活体销售、做兼职，而是当积累了一定人脉资源后，敢想敢干，瞅准市场，在毕业前便休学两年自己开店。开店后继续把活体销售做大做强，不仅把宠物卖出去，还重视宠物卖出去后的后续服务工作。某之星经常会给宠物主人开展一些免费的培训，如宠物饲养知识讲座、宠物防疫知识讲座、宠物驯导知识讲座等。

目前，某之星宠物店除了普通宠物店常规的经营项目如美容洗护、用品销售、寄养外，还通过合作的形式开发了自主品牌的宠粮。此外，还成立了某之星宠物连锁加盟店，目前已有 6 家店铺加盟了某之星宠物店。

（三）店铺地理位置好，周边竞争压力小

某之星宠物店位于南宁市西乡塘区相思湖东路骋望骊都小区，该小区在周边区域来说算得上是比较上档次的小区，入住率高。开业之初，某之星是该小区唯一的一家宠物店，并且方圆 5 千米之内基本没有其他宠物店。因此某之星宠物店开业之后，周边市场竞争力不大，客户群比较稳定。

（四）市场定位准确

某之星宠物店发展的思路是以活体销售为主线，带动宠物店其他项目的发展。某之星宠物店每月活体销售额可以达到 15 万～18 万元，除了部分批发和销往外地，也在店铺周边积累了大量的客户群。宠物洗护美容、宠粮和用品都是宠物日常生活的刚性需求，某之星的宠物活体卖出去后，许多周边购买活体的客户群便成了回头客，成为店里忠实的消费群体。

某之星宠物店在开业三年内便取得如此的成绩，老板小赖对自己的评价是这样的，“智慧、机遇、人脉、积累是某之星开店的基础，定位准确、敢想敢干、性格和能力是某之星成功的关键”。正是某之星宠物店老板小赖这种敏锐的市场洞察力，能够抓住机遇，善于创新，敢想敢干的性格和较强的运作能力，使某之星宠物店得以走上成功的道路。

附录二
校友现代农牧业典型创业项目

项目一　创业路上守望相助——记创业校友黄光辉

黄光辉，2014 年 9 月就读于广西农业职业技术学院生物技术系植保专业，现任北流市富乐农农业有限公司、北流市辉林坚果种植有限公司董事长。在校期间，黄光辉品学兼优，他作为一名贫困大学生，积极进取，乐于助人，担任班上的副班长和植保协会的副会长，多次获得学校的奖学金，并在课外时间参与勤工俭学，大三时，在班主任的指导下，成立了南宁市都市农人科技有限公司，并入驻学院大学生创业园。

专业优势，快速积累人生第一桶金

2017 年毕业后，黄光辉入职了青岛的一家肥料公司做技术推广，工资 1 800 元/月，为了实现自己心中的创业梦想，黄光辉结合自身专业特长，出色地完成了公司工作推广任务，得到了公司领导与客户的肯定与认可。半年后，在客户的引荐下到广东一家知名特肥公司上班，工资涨到了 3 800 元/月，加上年终奖等，年薪在 8 万左右，通过两年的努力工作，最终凑了 10 多万元作为启动资金。本着诚实守信的做人原则，依靠自身专业知识回到老家创立了北流市富乐农农业有限公司，帮助柑橘种植户解决了保果难等问题，得到了当地广大种植户的认可与支持，并赚得了自己人生第一桶金。

抓住地方气候特点，开启夏威夷坚果事业

2018 年年底，凭着自身敏锐的商业意识与专业特长，利用玉林市荒山多、租金低、属亚热带季风气候的特点，引进了夏威夷坚果，基地种植面积 200 多亩，并且带动了周边村民种植 500 多亩，黄光辉这种敢拼肯吃苦的精神，感动了远在上海经商的 3 个朋友，最后与之共同出资建立夏威夷坚果育苗基地，年培育夏威夷坚果标准种苗近 10 万株，并计划筹备建立夏威夷坚果加工厂。

面临危机，学院与校友陪伴共同渡过难关

创业期间，黄光辉遇到过不少的困难。在种植第二年，夏威夷坚果树发生了炭疽病，损失严重，公司面临资金链断裂的危险。在最困难的状况下公司得到学院创业基金的扶持、专业老师的亲临指导及优秀校友创业经验的启发，公司调整了种植方案与病虫害防治策略，经过两年多的努力探索，公司基本掌握了一套防治夏威夷坚果病害技术，探索出夏威夷坚果高效种植技术与高效育苗技术，并形成在公司内部执行的一套完善的种植技术流程。

创业典型黄光辉的事迹告诉我们，作为一名创业者，必须不畏艰难，一步一个脚印，克服重重困难，并且坚持到底才能见到胜利的曙光。

项目二　小小哈密瓜　敲开致富门——记创业校友梁好

2014 年 7 月在广西农业职业技术学院毕业的梁好，从 2013 年 12 月顶岗实习开始，就选好了自主创业的项目——种植哈密瓜，带动当地农户致富。从自己家的地开始做实验，到后来租用别人的地，共种植哈密瓜 15 亩，依靠在学校学到的过硬的技术，克服了各种困难，确保了哈密瓜的品质，在别的毕业生还在为找工作而东奔西走时，梁好已经通过自主创业获得了人生第一桶金。欲知详情，请看宾阳县的新闻资讯。

不用去新疆，在宾阳本地就能尝上新鲜清甜爽脆的哈密瓜！此前宾阳县没有种植哈密瓜的先例，但是返乡创业大学生梁好用行动破解这一魔咒，成为宾阳县第一个成功种植哈密瓜的“90 后”农民。众所周知，哈密瓜需要高温、干燥、昼夜温差大等特定生长条件，因此，要在南方气候湿热的地区种植哈密瓜可不容易。有人曾这样断言，“想在别的地方种植哈密瓜，就必须把新疆的太阳搬过去”。因而，想在本地种植哈密瓜就要制造高温环境，必须有大棚温室。梁好凭着在学校里学到的知识和渴求自主创业的激情，在家人的支持下于 2013 年 11 月投资 10 万元，建成 15 亩，约合 10 000 平方米的哈密瓜种植基地，采用先进的大棚栽培技术引进西州密 25 号和北海 1 号两个品种的哈密瓜进行试种。如今，在梁好的种植基地大棚里，我们可以看到一大片瓜藤，藤上挂着一个个诱人的哈密瓜。眼下正是哈密瓜成熟上市季节，梁好的哈密瓜已开始收获，无论是个头还是甜度都符合要求，甜、脆、香，很爽口，与新疆产的没有什么两样。目前，梁好已经出售哈密瓜 25 000 斤，顺利淘到了自己踏出校门后的“第一桶金”。

创业取得初步成功，有了经验的梁好对自己的创业充满了信心，现在他并不急于哈密瓜的播种，要到 8 月初再播种，避开哈密瓜上市高峰。梁好说，他有一个更大的绿色梦想：换掉大棚里的营养土，尝试实施无土栽培，以争取更大的产值。梁好还对周边也想种植哈密瓜的农户免费进行技术指导，带动农户共同致富。“只要有农户想种瓜，我都会把技术教给他们，带动他们富裕。”梁好正用自己的努力实践心中的蓝图。

梁好，1990 年出生在宾阳县新圩镇公义村委恩义村，就读于广西农业职业技术学院。

2013 年，还在实习期的他根据自己所长，决定发展种植业，尝试种植哈密瓜。2014 年 6 月，试种成功，售出哈密瓜 25 000 斤，产值 7 万元。

项目三　养鱼能手带领乡亲们共赴致富路
——记创业校友庞淇蔚

庞淇蔚，畜牧兽医专业 2012 届毕业生。广西博白人，2013 年创办广西广龙生态农业发展有限公司，从事水产畜牧业（生态草鱼、猪）。2014 年向种植业进军，种植麻竹笋 3 500 亩。发展至今，生态草鱼已打造成立足于南宁、远销区内外的“广龙清泉鱼”品牌，以“广龙清泉鱼”为核心的餐馆也于 2016 年在南宁青秀区开业。

博白县浪平乡位于博白县北部，6 个行政村就有 5 个“泡”在水中——当地山泉水质地清新，天然饵料丰富，是理想的天然草鱼养殖场地，养草鱼成为该乡农民最直接的生财之道。可是，村民刚开始养鱼时，养鱼户因“市场不熟、技术不懂、投资不足”，一半以上养鱼户只能自产自销，因势单力薄，被压价是常有的事，辛苦折腾一整年每户收入不过两三千元。

2008 年，浪平乡六江村 19 岁的大学生庞淇蔚经过反复的市场调研，与当地几位养殖大户商量，投入 200 多万元，依托当地独特的山泉溪流的自然条件，建成 40 亩的草鱼养殖池塘，搞起了草鱼规模化养殖，取得了成功。2012 年 9 月，该乡第一家草鱼养殖合作社——长源草鱼养殖专业合作社，在庞淇蔚的草鱼养殖场正式挂牌成立，入社的几家养鱼户养出的草鱼，通过走绿色高端礼品包“广龙清泉鱼”的路线，成功打入市场。

2013 年，伴随着广龙清泉鱼品牌的成功打响，该乡养鱼的“小家小户”再也坐不住了，纷纷加入了“抱团”养鱼致富的队伍，入社养鱼户由原来的四五户一下子增加到了 32 户，原本零散的养鱼户终于打破原有模式，走合作社化、基地化的新型养鱼发展道路。据了解，该合作社为入社养鱼户提供统购鱼苗，义务开展鱼病防治、组织养殖和牧草种植技术培训、联合开拓市场等多种服务。同时，该县水产畜牧兽医相关部门也积极从资金、政策、技术等方面对该乡养鱼户大力扶持，不断完善金融网络，多渠道解决养鱼融资难问题，帮助入社养鱼户解决了“一家一户”小生产与社会需求大市场之间的矛盾。合作社带领村民走上“抱团”闯市场的致富之路，社员的鱼塘比以前每亩增收五六百元。如今，以浪平乡六江村长源草鱼养殖专业合作社为龙头的养鱼业正积极带领当地的父老乡亲一同富起来。目前，该乡已种植牧草 300 多亩，建成鱼塘 140 多亩，年产成品草鱼达 4 万多千克，创收近 320 万元，该县那林、永安、水鸣等养鱼大镇的养殖户纷纷前来取经。

庞淇蔚荣获博白县“十佳致富能手”，并担任博白县浪平镇六江村支部委员、团支部书记，是共青团玉林市第三次代表大会代表、候补委员和第四届委员；获共青团广西创业创新先进个人；创富事迹在中央电视台农业频道“致富经”和一套“生活早参考”栏目两度播出。

附录三
“互联网+”大学生创新创业大赛

教育部关于举办第八届中国国际“互联网+”大学生创新创业大赛的通知

第七届中国国际“互联网+”大学生创新创业大赛评审规则

参考文献

[1] 靳伟，李秀枝，成守敏. 新型职业农民培训教材[M]. 北京：中国农业科学技术出版社，2015.

[2] 杨杰. 作物生产创业项目分析[M]. 北京：中国农业大学出版社，2019.

[3] 朱梅芳. 宠物创业项目分析与申办[M]. 北京：中国农业出版社，2019.

[4] 陈凯元. 你在为谁工作[M]. 北京：机械工业出版社，2007.

[5] 农业部农民科技教育培训中心，中央农业广播电视学校. 开始你的农业创业[M]. 北京：中国农业出版社，2010.

[6] 赵洪涛，李果果，刘要鑫，等. 沃柑在广西发展的优劣分析及对策探讨 [J]. 南方园艺，2016，27(3)：12-16.

[7] 刘志，刘银来. 现代农业创业基础[M]. 湖北：科学技术出版社，2015.

[8] 陈全胜，周桃英. 如何创办你的种植企业 [M]. 湖北：科学技术出版社，2014.

[9] 国际劳工组织北京局. 创办你的企业[M]. 北京：中国劳动社会保障出版社，2003.

[10] 王宝杰，蔡兰芬. 浅谈宠物诊疗行业的发展现状与趋势[J]. 山东畜牧兽医，2016，37(03)：48.

[11] 郑翔洲. 如何打造你的核心竞争力[M]. 北京：经济管理出版社，2007.

[12] 李华明. 广西动物诊疗机构发展现状调查，中国动物检疫. 2017. 34(7)：49-48.

[13] 曲勇振. ADB 连锁宠物服务项目商业计划书[D]. 大连理工大学，2013.

[14] 朱梅芳. 宠物美容与护理[M]. 南宁：广西科学技术出版社，2017.

[15] 张斌. 宠物医院实务[M]. 北京：中国农业出版社，2014.